JIS Z 3410（ISO 14731）/WES 8103

2級

筆記試験問題と解答例

―2022年度版実題集―

（2017年春～2021年春実施分）

産報出版

まえがき

　WES 8103 による溶接技術者資格認定制度は 1972 年より認証が開始され，2001 年に ISO 3834 および ISO 14731 が JIS 化（JIS Z 3400 および JIS Z 3410 の制定）されたのに伴い，名称も溶接技術者から「溶接管理技術者」に変わりました。

　いまやこの JIS Z 3410（ISO 14731）/WES8103 資格は建築鉄骨，橋梁，圧力容器，造船，海洋構造物，重機械，化学プラント，発電設備等エネルギー施設など，あらゆる産業分野における溶接関係者必須のものとなっています。最近では工場認証あるいは官公庁における工事発注の際の要求事項として，WES 8103 認証者の保有や常駐が要請されるケースも増えてきており，まさに社会に完全に定着した溶接資格といえるでしょう。

　毎年春と秋の年 2 回，JIS Z 3410（ISO 14731）/WES8103 に基づく「溶接管理技術者評価試験」が行われていますが，日本溶接協会の機関誌「溶接技術」では，この評価試験が行われるつど，実際に出題された筆記試験問題と解答例を速報の形で掲載していますが，本書は【2 級】試験問題をとりまとめ全一冊にしたものです。

　過去に出題された問題を知り，その対策を練ることは合格へのより近道となります。本書は実題集ということで，受験者にとっては評価試験の傾向を知る絶好の手引き書となっています。

　この実題集によって一人でも多くの合格者が誕生し，全国各地で溶接管理技術者資格をもつ方々が活躍することを願ってやみません。

2021 年 12 月

産報出版

目次

※ 2020 年度前期　2 級試験問題掲載に関しまして

　新型コロナウイルス感染症の拡大防止のため，2020 年度前期 溶接管理技術者評価試験
（筆記試験：2020 年 6 月 7 日）は中止となりました。

　そのため，本書には同試験問題を掲載しておりません。ご了承のほどよろしくお願い申
し上げます。

JIS Z 3410(ISO 14731)/WES 8103

2級試験問題

●2021年6月6日出題●

2級試験問題

　次の設問【1】～【5】は金属の接合方法について述べている。正しいものを1つ選び，マークシートの解答欄の該当箇所にマークせよ。

【1】電気的エネルギーを加熱に利用した接合方法はどれか。
　　a　超音波圧接
　　b　アプセット溶接
　　c　テルミット溶接
　　d　摩擦圧接

【2】化学的エネルギーを加熱に利用した接合方法はどれか。
　　a　拡散接合
　　b　エレクトロガスアーク溶接
　　c　エレクトロスラグ溶接
　　d　ガス溶接

【3】力学的エネルギーを加熱に利用した接合方法はどれか。
　　a　摩擦撹拌接合
　　b　抵抗スポット溶接
　　c　スタッド溶接
　　d　フラッシュ溶接

【4】光エネルギーを加熱に利用した接合方法はどれか。
　　a　電子ビーム溶接
　　b　拡散接合
　　c　レーザ溶接
　　d　誘導加熱ろう付

【5】機械的接合方法はどれか。
　　a　プロジェクション溶接
　　b　アプセット溶接
　　c　ウェルドボンド
　　d　リベット

　次の設問【6】～【10】は溶接アークの性質について述べている。正しいものを1つ選び，マークシートの解答欄の該当箇所にマークせよ。

【6】平行な2本の導体に，同一方向の電流が通電された場合，電磁力によって導体間に作用する力はどれか。
　　a　引力
　　b　反発力
　　c　回転力
　　d　浮力

【7】アーク柱を流れる電流によって生じる電磁力の作用で，アーク柱はどのようになるか。
- a　長さが短くなる
- b　長さが長くなる
- c　断面が収縮する
- d　断面が膨張する

【8】電磁力によって発生する，電極から母材に向かう高速のガス気流はどれか。
- a　シールドガス気流
- b　プラズマ気流
- c　プラズマジェット
- d　アークブロー

【9】溶接トーチを傾けても，トーチの延長線方向に発生しようとするアークの性質はどれか。
- a　アークの極性
- b　アークの点弧性
- c　アークの直線性
- d　アークの硬直性

【10】ワイヤ端からの溶滴の離脱に最も関係するのはどれか。
- a　熱的ピンチ力
- b　電磁ピンチ力
- c　自己制御作用
- d　クリーニング作用

　次の設問【11】～【15】はアーク溶接のシールドガスについて述べている。正しいものを1つ選び，マークシートの解答欄の該当箇所にマークせよ。

【11】マグ溶接に用いられるシールドガスはどれか。
- a　不活性ガス
- b　活性ガス
- c　還元性ガス
- d　低反応性ガス

【12】鋼のパルスマグ溶接に用いられるシールドガスはどれか。
- a　100％炭酸ガス
- b　80％炭酸ガス＋20％アルゴンの混合ガス
- c　50％炭酸ガス＋50％アルゴンの混合ガス
- d　20％炭酸ガス＋80％アルゴンの混合ガス

【13】ソリッドワイヤを用いるステンレス鋼のマグ溶接に用いられるシールドガスはどれか。
- a　100％アルゴン
- b　95％アルゴン＋5％酸素の混合ガス
- c　50％アルゴン＋50％炭酸ガスの混合ガス
- d　100％炭酸ガス

【14】アルミニウム合金のミグ溶接に用いられるシールドガスはどれか。
- a　100％アルゴン
- b　80％アルゴン＋20％炭酸ガスの混合ガス

 c 50％アルゴン＋50％炭酸ガスの混合ガス
 d 20％アルゴン＋80％炭酸ガスの混合ガス

【15】ティグ溶接のシールドガスはどれか。
 a 100％アルゴン
 b 90％アルゴン＋10％酸素の混合ガス
 c 50％アルゴン＋50％炭酸ガスの混合ガス
 d 100％炭酸ガス

 次の設問【16】～【20】はティグ溶接について述べている。正しいものを1つ選び，マークシートの解答欄の該当箇所にマークせよ。

【16】電極材料はどれか。
 a タングステン
 b ニッケル
 c ハフニウム
 d クロム

【17】アークの起動に用いられる方法はどれか。
 a 電極先端を母材に接触させ，大電流を通電する
 b 電極先端と母材は非接触で，高周波高電圧を加える
 c 電極先端と母材の間に，スチールウールを挟んで通電する
 d 電極先端とノズル間に発生させた，パイロットアークを利用する

【18】溶接金属を得るために添加する材料はどれか。
 a フラックス
 b 溶加材
 c アシストガス
 d スラグ

【19】ステンレス鋼の溶接に用いられる溶接電源の特性はどれか。
 a 直流定電圧
 b 直流定電流
 c 交流定電圧
 d 交流定電流

【20】アルミニウム合金の溶接に多用される溶接電源の特性はどれか。
 a 直流定電圧
 b 直流定電流
 c 交流定電圧
 d 交流定電流

 次の設問【21】～【25】はマグ溶接でのワイヤ溶融について述べている。正しいものを1つ選び，マークシートの解答欄の該当箇所にマークせよ。

【21】ワイヤの溶融に寄与する熱はどれか。
 a ワイヤ径が細い場合はアーク熱のみ
 b ワイヤ径が太い場合は抵抗発熱のみ

 c　ワイヤ径にかかわらずアーク熱のみ
 d　ワイヤ径にかかわらずアーク熱とワイヤ突出し部での抵抗発熱の両者

【22】アーク熱によるワイヤ溶融について正しいのはどれか。
 a　アーク電圧にほぼ比例する
 b　アーク電圧の二乗にほぼ比例する
 c　溶接電流にほぼ比例する
 d　溶接電流の二乗にほぼ比例する

【23】ワイヤ突出し部で発生する熱について正しいのはどれか。
 a　アーク電圧にほぼ比例する
 b　アーク電圧の二乗にほぼ比例する
 c　溶接電流にほぼ比例する
 d　溶接電流の二乗にほぼ比例する

【24】ワイヤ突出し部で発生する熱に影響するのはどれか。
 a　ワイヤ径のみ
 b　ワイヤ突出し長さのみ
 c　ワイヤ径とワイヤ突出し長さ
 d　ワイヤ突出し長さとワイヤ送給速度

【25】ワイヤ送給（供給）速度を速くするとどうなるか。
 a　溶接電流が増加する
 b　溶接電流は変化しない
 c　溶接電流が減少する
 d　アーク電圧が増加する

　次の設問【26】〜【30】はプラズマアーク溶接について述べている。正しいものを1つ選び，マークシートの解答欄の該当箇所にマークせよ。

【26】プラズマを発生させるために用いる作動ガス（プラズマガス）はどれか。
 a　アルゴン
 b　アルゴンと酸素の混合ガス
 c　アルゴンと炭酸ガスの混合ガス
 d　アルゴンと水素の混合ガス

【27】シールドガスとして用いられるのはどれか。
 a　炭酸ガス
 b　アルゴンと酸素の混合ガス
 c　アルゴンと炭酸ガスの混合ガス
 d　アルゴンと水素の混合ガス

【28】アークを細く絞るために用いるトーチ部品はどれか。
 a　インシュレータ
 b　コレット
 c　ノズル電極
 d　オリフィス

【29】上記トーチ部品のアークを細く絞る作用はどれか。

   a　クリーニング作用
   b　熱的ピンチ効果
   c　電磁ピンチ効果
   d　表皮効果

【30】強いアーク力によって，アーク直下に形成される貫通穴の名称はどれか。
   a　ピンホール
   b　スルーホール
   c　プラズマホール
   d　キーホール

次の設問【31】～【35】は溶接機器の使用率について述べている。正しいものを1つ選び，マークシートの解答欄の該当箇所にマークせよ。

【31】JIS C 9300-1で定義されている定格使用率はどれか。
   a　定格出力電流を通電した時間の1分間に対する比の百分率
   b　定格出力電流を通電した時間の10分間に対する比の百分率
   c　定格出力電流を通電した時間の30分間に対する比の百分率
   d　定格出力電流を通電した時間の1時間に対する比の百分率

【32】許容使用率の正しい定義はどれか。
   a　（定格入力電流／使用溶接電流）×定格使用率
   b　（定格入力電流／使用溶接電流）^{2}×定格使用率
   c　（定格出力電流／使用溶接電流）×定格使用率
   d　（定格出力電流／使用溶接電流）^{2}×定格使用率

【33】定格出力電流300A，定格使用率40％の溶接機で，溶接電流200Aの溶接を行う場合の許容使用率はどれか。
   a　20%
   b　40%
   c　60%
   d　90%

【34】定格出力電流500A，定格使用率100％のインバータ制御アーク溶接機についての正しい記述はどれか。
   a　使用率が60％以下であれば，500A以上の溶接電流でも問題なく使用できる
   b　短時間であれば，500A以上の溶接電流でも溶接機損傷のおそれは全くない
   c　どのような溶接電流値でも，10分以上の連続溶接には適用できない
   d　溶接電流が500A以下であれば，10分を超える連続溶接にも適用できる

【35】マグ溶接トーチの許容使用率を決めるものはどれか。
   a　「トーチの定格電流」と「使用する溶接電流」
   b　「トーチの定格電流」と「トーチの定格使用率」
   c　「トーチの定格電流」と「トーチの定格使用率」と「使用する溶接電流」
   d　「トーチの定格電流」と「溶接電源の定格出力電流」

次の設問【36】～【40】はガス切断について述べている。正しいものを1つ選び，マークシートの解答欄の該当箇所にマークせよ。

【36】ガス切断の主たるエネルギー源はどれか。

  a　酸素とアセチレンの化学反応熱

  b　酸素と鉄の化学反応熱

  c　アセチレンの運動エネルギー

  d　酸素の運動エネルギー

【37】予熱炎の燃料ガスに用いられるのはどれか。

  a　酸素

  b　窒素

  c　プロパン

  d　アルゴン

【38】切断ガスに用いられるのはどれか。

  a　酸素

  b　窒素

  c　アセチレン

  d　アルゴン

【39】ガス切断が適用できる材料はどれか。

  a　ステンレス鋼

  b　低炭素鋼

  c　銅合金

  d　アルミニウム合金

【40】前問【39】の材料のガス切断がレーザ切断に比べて優れているのはどれか。

  a　高速切断

  b　高精度切断

  c　極薄板切断

  d　極厚板切断

次の設問【41】〜【45】は炭素鋼について述べている。正しいものを1つ選び，マークシートの解答欄の該当箇所にマークせよ。

【41】機械構造用炭素鋼S10Cはどれか。

  a　炭素量が約0.1％の鋼

  b　シリコン量が約0.1％の鋼

  c　マンガン量が約0.1％の鋼

  d　リン量が約0.1％の鋼

【42】炭素鋼におけるパーライト組織はどれか。

  a　マルテンサイトとフェライトの混合組織

  b　フェライトとセメンタイトの混合組織

  c　オーステナイトとセメンタイトの混合組織

  d　オーステナイトとフェライトの混合組織

【43】炭素含有量0.15％の鋼を1000℃から徐冷したときの室温組織はどれか。

  a　オーステナイトとフェライト

  b　パーライトとオーステナイト

    c　フェライトとパーライト
    d　マルテンサイトとオーステナイト

【44】炭素含有量0.15％の鋼を1000℃から水冷したときの室温組織はどれか。
    a　フェライト
    b　パーライト
    c　オーステナイト
    d　マルテンサイト

【45】TMCP（熱加工制御）鋼の製造方法はどれか。

    a　圧延の後，焼入焼戻しの熱処理
    b　圧延の後，オーステナイト温度域から空冷する熱処理
    c　圧延温度や圧下量を制御して圧延を行い，加速冷却
    d　オーステナイト温度域から急冷した後，二相温度域に再加熱・長時間保持

　次の設問【46】～【50】は鋼の熱処理について述べている。正しいものを１つ選び，マークシートの解答欄の該当箇所にマークせよ。

【46】焼ならし（焼準）とは，どのような熱処理か。
    a　硬さや強度を増すため，オーステナイト温度域から急冷
    b　軟化などを目的に，オーステナイト温度域から炉中で徐冷
    c　組織を微細化するために，オーステナイト温度域から空冷
    d　600℃程度の温度に再加熱した後，空冷

【47】焼なまし（焼鈍）とは，どのような熱処理か。
    a　硬さや強度を増すため，オーステナイト温度域から急冷
    b　軟化などを目的に，オーステナイト温度域から炉中で徐冷
    c　組織を微細化するために，オーステナイト温度域から空冷
    d　600℃程度の温度に再加熱した後，空冷

【48】焼戻しとは，どのような熱処理か。
    a　硬さや強度を増すため，オーステナイト温度域から急冷
    b　軟化などを目的に，オーステナイト温度域から炉中で徐冷
    c　組織を微細化するために，オーステナイト温度域から空冷
    d　600℃程度の温度に再加熱した後，空冷

【49】焼入れとは，どのような熱処理か。
    a　硬さや強度を増すため，オーステナイト温度域から急冷
    b　軟化などを目的に，オーステナイト温度域から炉中で徐冷
    c　組織を微細化するために，オーステナイト温度域から空冷
    d　600℃程度の温度に再加熱した後，空冷

【50】調質高張力鋼の製造で行われる熱処理はどれか。
    a　焼ならし
    b　焼入れ＋焼戻し
    c　焼なまし
    d　焼ならし＋焼戻し

次の設問【51】～【55】は JIS 鋼材規格について述べている。正しいものを 1 つ選び，マークシートの解答欄の該当箇所にマークせよ。

【51】一般構造用圧延鋼材 SS400 などで，SS の後に続く数字が表すものはどれか。
  a　疲れ強さ
  b　降伏点または0.2％耐力
  c　引張強さ
  d　硬さ

【52】一般構造用圧延鋼材 SS400 の化学成分の規定として，正しいのはどれか。
  a　炭素当量（Ceq）の上限値を規定
  b　溶接割れ感受性組成（P_{CM}）の上限値を規定
  c　P および S 量の上限値を規定
  d　C，Si，Mn 量の上限値を規定

【53】溶接構造用圧延鋼材 SM490A，SM490B，SM490C で規定値が異なるのはどれか。
  a　降伏点または0.2％耐力
  b　シャルピー吸収エネルギー
  c　引張強さ
  d　溶接割れ感受性組成

【54】溶接構造用圧延鋼材 SM 材には規定がなく，建築構造用圧延鋼材 SN 材の B 種と C 種に規定されているのはどれか。
  a　硬さ
  b　引張強さ
  c　炭素量
  d　降伏比

【55】SN490B の S 含有量の上限を，SM490B より低く規定している理由はどれか。
  a　高温割れ防止
  b　ラメラテア防止
  c　降伏点の向上
  d　降伏比の向上

次の設問【56】～【60】は各種鋼材について述べている。正しいものを 1 つ選び，マークシートの解答欄の該当箇所にマークせよ。

【56】低温用鋼で重視される特性はどれか。
  a　引張強さ
  b　絞り
  c　じん性
  d　耐食性

【57】前問【56】の特性を確保するため，一般に添加される元素はどれか。
  a　Cr
  b　Ni
  c　Si
  d　Mo

【58】高温用鋼で重視される特性はどれか。
a 制振性
b 座屈強度
c クリープ強度
d 破断伸び

【59】前問【58】の特性を確保するため，一般に添加される元素はどれか。
a ZnとPb
b CrとMo
c MgとCa
d AlとCu

【60】耐候性鋼はどれか。
a 海水中で耐食性の高い鋼
b 大気中で耐食性の高い鋼
c 土中で耐食性の高い鋼
d 油中で耐食性の高い鋼

　次の設問【61】～【65】は鋼材の溶接熱影響部について述べている。正しいものを１つ選び，マークシートの解答欄の該当箇所にマークせよ。

【61】1250℃以上に加熱され，ぜい化や硬化しやすく，割れなどを生じやすい領域はどれか。
a 粗粒域
b 細粒域
c 部分変態域（二相加熱域）
d 母材原質域

【62】A_3温度直上に加熱されて変態が生じ，じん性などの機械的性質が良好な領域はどれか。
a 粗粒域
b 細粒域
c 部分変態域（二相加熱域）
d 母材原質域

【63】A_3～A_1温度に加熱され，オーステナイトに一部変態した領域で，じん性が低下しやすい領域はどれか。
a 粗粒域
b 細粒域
c 部分変態域（二相加熱域）
d 母材原質域

【64】同じ溶接条件の溶接熱影響部の硬さについて正しいのはどれか。
a 板厚が薄いほど硬くなる
b 板厚が厚いほど硬くなる
c 水素量が少ないほど硬くなる
d 水素量が多いほど硬くなる

【65】多層溶接と単層溶接の溶接熱影響部の特徴を比較したとき，正しいのはどれか．
　　a　多層溶接の方が硬さが高い場合が多い
　　b　多層溶接の方がじん性に優れる場合が多い
　　c　両者の機械的性質には差がない
　　d　両者の金属組織には差がない

　　次の設問【66】～【70】は溶接欠陥について述べている．正しいものを1つ選び，マークシートの解答欄の該当箇所にマークせよ．

【66】溶接部のシールドが不十分となった場合に最も発生しやすい欠陥はどれか．
　　a　オーバラップ
　　b　アンダカット
　　c　ポロシティ
　　d　スラグ巻込み

【67】ビード表面に開口した欠陥はどれか．
　　a　ピット
　　b　スラグ巻込み
　　c　ブローホール
　　d　ラメラテア

【68】溶接金属が止端部で母材と融合せずに重なった欠陥はどれか．
　　a　オーバラップ
　　b　アンダカット
　　c　ブローホール
　　d　スラグ巻込み

【69】ビード止端部に沿って母材が掘られ，溝となって残った欠陥はどれか．
　　a　オーバラップ
　　b　アンダカット
　　c　ブローホール
　　d　スラグ巻込み

【70】溶融したフラックスが溶接金属内に介在物として残った欠陥はどれか．
　　a　オーバラップ
　　b　アンダカット
　　c　ブローホール
　　d　スラグ巻込み

　　次の設問【71】～【75】は溶接割れについて述べている．正しいものを1つ選び，マークシートの解答欄の該当箇所にマークせよ．

【71】低温割れの発生要因に該当しないものはどれか．
　　a　溶接部に侵入した拡散性水素
　　b　硬化組織の生成
　　c　低融点液膜の形成
　　d　継手の拘束度（応力）

【72】低温割れの防止策として有効なものはどれか。
- a　溶接入熱の低減
- b　予熱および直後熱
- c　溶接割れ感受性組成（P_{CM}）が大きい鋼材の使用
- d　イルミナイト系溶接棒の使用

【73】凝固割れとは，どのような割れか。
- a　溶融溶接のクレータに生じる割れ
- b　低融点不純物の液化によって粒界に沿って生じる割れ
- c　溶接後熱処理により，HAZの粗粒域に生じる割れ
- d　ステンレス鋼肉盛溶接部の境界に発生する割れ

【74】再熱割れとは，どのような割れか。
- a　溶融溶接のクレータに生じる割れ
- b　低融点不純物の液化によって粒界に沿って生じる割れ
- c　溶接後熱処理により，HAZの粗粒域に生じる割れ
- d　ステンレス鋼肉盛溶接部の境界に発生する割れ

【75】板厚方向の応力によって，板表面と平行に階段状に発生する割れはどれか。
- a　ラメラテア
- b　梨形（ビード）割れ
- c　クレータ割れ
- d　止端割れ

　次の設問【76】〜【80】は溶接材料について述べている。正しいものを1つ選び，マークシートの解答欄の該当箇所にマークせよ。

【76】被覆アーク溶接棒の被覆剤の役割はどれか。
- a　溶融金属の大気からの遮蔽
- b　溶融金属の急速凝固の促進
- c　残留応力の低下
- d　アーク起動性の向上

【77】低水素系被覆アーク溶接棒の使用目的はどれか。
- a　溶込みの増加
- b　耐低温割れ性の向上
- c　スラグ剥離性の改善
- d　耐酸化性の向上

【78】490N/mm² 級鋼に推奨される100%炭酸ガス用ソリッドワイヤはどれか。
- a　YGW11
- b　YGW15
- c　YGW17
- d　YGW19

【79】100%炭酸ガス用の溶接ワイヤを用いて，80%アルゴン＋20%炭酸ガスのシールドガス中で溶接した場合，どのようなことが起こるか。
- a　Si，Mnが減り，強度が低下する
- b　Si，Mnが減り，強度が増加する

　　c　Si，Mnが増え，強度が低下する
　　d　Si，Mnが増え，強度が増加する

【80】サブマージアーク溶接用のボンドフラックスの特徴はどれか。
　　a　耐吸湿性が優れている
　　b　高速溶接に適している
　　c　合金元素の添加が容易である
　　d　フラックスを何度も再利用できる

　　次の設問【81】～【85】はステンレス鋼の溶接性について述べている。正しいもの
を1つ選び，マークシートの解答欄の該当箇所にマークせよ。

【81】オーステナイト系ステンレス鋼の溶接で生じやすい割れはどれか。
　　a　凝固割れ
　　b　ラメラテア
　　c　ビード下割れ
　　d　低温割れ

【82】前問【81】の割れの防止策はどれか。
　　a　低炭素ステンレス鋼の使用
　　b　予熱の実施
　　c　デルタフェライトを晶出する溶接材料の使用
　　d　600～650℃での溶接後熱処理の実施

【83】溶接金属のフェライト量を予測するのに用いるのはどれか。
　　a　応力-ひずみ線図
　　b　CCT図
　　c　シェフラ組織図
　　d　S-N線図

【84】オーステナイト系ステンレス鋼の溶接熱影響部に生じる鋭敏化の主原因はどれか。
　　a　不純物元素による低融点液膜の形成
　　b　クロム炭化物の粒界析出
　　c　クロム酸化物の形成
　　d　シグマ相の析出

【85】ウェルドディケイの防止策はどれか。
　　a　低炭素ステンレス鋼の使用
　　b　予熱の実施
　　c　デルタフェライトを晶出する溶接材料の使用
　　d　600～650℃での溶接後熱処理の実施

　　次の設問【86】～【90】は材料力学の基礎について述べている。正しいものを1つ
選び，マークシートの解答欄の該当箇所にマークせよ。

【86】荷重を除去したときに変形が元に戻る性質はどれか。
　　a　弾性
　　b　塑性
　　c　剛性

    d   じん性

【87】引張試験において，最大荷重点の応力を何というか。
    a   降伏応力
    b   0.2％耐力
    c   引張強さ
    d   破断応力

【88】引張試験において，30mmの標点距離が伸びて33mmになったときのひずみはいくらか。
    a   0.01％
    b   0.1％
    c   1％
    d   10％

【89】はりが曲げを受けるとき，はり断面内で曲げ応力（絶対値）が最大になる位置はどこか。
    a   はり高さの中央
    b   はり高さの1/4の位置
    c   はりの上下面
    d   曲げ応力は，はり断面内で一様

【90】円孔をもつ十分広幅の平板が，一様な1軸引張を受けるときの応力集中係数はいくらか。
    a   2
    b   3
    c   4
    d   5

次の設問【91】～【95】は溶接継手の強さについて述べている。正しいものを1つ選び，マークシートの解答欄の該当箇所にマークせよ。

【91】継手効率の定義として正しいのはどれか。
    a   母材のじん性に対する継手のじん性の比率
    b   母材の引張強さに対する継手の引張強さの比率
    c   継手のじん性に対する母材のじん性の比率
    d   継手の引張強さに対する母材の引張強さの比率

【92】溶接部の局所的な静的強度を推定できる試験法はどれか。
    a   溶接割れ試験
    b   シャルピー衝撃試験
    c   硬さ試験
    d   曲げ試験

【93】溶接継手強度に及ぼす欠陥の影響を正しく記述しているのはどれか。
    a   静的強度，疲労強度のいずれも，欠陥に敏感である
    b   静的強度，疲労強度のいずれも，欠陥に鈍感である
    c   静的強度は疲労強度に比べ欠陥に敏感である
    d   疲労強度は静的強度に比べ欠陥に敏感である

【94】余盛付き溶接継手の疲労強度（溶接線直角方向）について正しいのはどれか。
    a　高張力鋼継手の方が，軟鋼継手より高い
    b　軟鋼継手の方が，高張力鋼継手より高い
    c　高張力鋼継手と軟鋼継手はほぼ同じである
    d　溶接金属の疲労強度で決まる

【95】余盛付き溶接継手の疲労強度に最も影響する因子はどれか。
    a　母材の硬さ
    b　溶接金属の成分
    c　余盛止端形状
    d　母材のじん性

　次の設問【96】〜【100】は突合せ継手の溶接残留応力と変形について述べている。正しいものを1つ選び，マークシートの解答欄の該当箇所にマークせよ。

【96】突合せ溶接継手の溶接線中央部において，引張残留応力が最大となる方向はどれか。
    a　溶接線方向
    b　溶接線に直角方向
    c　溶接線に対し45°の方向
    d　板厚方向

【97】軟鋼突合せ溶接継手の最大引張残留応力について正しいのはどれか。
    a　母材の引張強さにほぼ等しい
    b　母材の引張強さと降伏強さの平均値にほぼ等しい
    c　母材の降伏強さにほぼ等しい
    d　母材の降伏強さの50%にほぼ等しい

【98】溶接残留応力によって大きな影響を受ける特性はどれか。
    a　引張強度
    b　疲労強度
    c　クリープ強度
    d　降伏強さ

【99】溶接変形の拘束と溶接残留応力との間には，どのような関係があるか。
    a　変形を拘束しないと，残留応力は大きくなる
    b　変形を拘束すると，残留応力は大きくなる
    c　変形を拘束すると，残留応力は小さくなる
    d　変形の拘束の有無は，残留応力に影響しない

【100】溶接継手の疲労強度に大きな影響を与える溶接変形はどれか。
    a　縦収縮
    b　横収縮
    c　角変形
    d　回転変形

　次の設問【101】〜【105】は鋼管突合せ溶接継手のJIS Z 3021溶接記号について述べている。正しいものを1つ選び，マークシートの解答欄の該当箇所にマークせよ。

【101】図中の溶接記号「 ‾‾10╱ 」は何を表しているか。
　a　鋼管の外側から開先深さ10mmのV形開先をとる
　b　鋼管の内側から開先深さ10mmのV形開先をとる
　c　鋼管の外側から溶接深さ10mmのV形開先をとる
　d　鋼管の内側から溶接深さ10mmのV形開先をとる

【102】図中の溶接記号「 ⌒ 」は何を表しているか。
　a　裏波溶接をする
　b　裏当て金をつける
　c　裏ビードをおく
　d　裏はつりを行う

【103】図中の溶接記号「 G 」は何を表しているか。
　a　余盛を切削して平らに仕上げる
　b　余盛をグラインダで平らに仕上げる
　c　余盛をチッピングで平らに仕上げる
　d　余盛を研磨して平らに仕上げる

【104】図中の溶接記号「 ▶ 」は何を表しているか。
　a　突合せ溶接
　b　すみ肉溶接
　c　全周溶接
　d　現場溶接

【105】図中の「RT」は何を表しているか。
　a　鋼管内部線源の放射線透過試験
　b　鋼管外部線源の放射線透過試験
　c　鋼管内部からの超音波探傷試験
　d　鋼管外部からの超音波探傷試験

　次の設問【106】～【110】は溶接継手設計について述べている。正しいものを1つ選び，マークシートの解答欄の該当箇所にマークせよ。

【106】板厚の異なる部材の完全溶込み突合せ溶接継手の強度計算に用いるのど厚はどれか。
 a 厚い方の板厚
 b 薄い方の板厚
 c 両板厚の平均厚さ
 d 両板厚の差

【107】部分溶込み突合せ溶接継手の強度計算に用いるのど厚はどれか。
 a 開先深さ
 b 開先深さ＋溶込み深さ
 c 開先深さ＋余盛高さ
 d 開先深さ＋溶込み深さ＋余盛高さ

【108】不等脚長の凸型すみ肉溶接のサイズはどれか。
 a 短い方の脚長
 b 長い方の脚長
 c 短い方の脚長と長い方の脚長の平均
 d 長い方の脚長×0.7

【109】安全率を大きくすると，許容応力はどうなるか。
 a 小さくなる
 b 変化しない
 c 大きくなる
 d 突合せ溶接継手では大きくなるが，すみ肉溶接継手では小さくなる

【110】静的荷重を受ける場合，溶接継手の許容応力は母材の許容応力と比べてどうか。
 a 高い
 b 同じ
 c 低い
 d 母材の許容応力とは無関係

　次の設問【111】～【115】は，図の十字すみ肉溶接継手に引張荷重Pが作用する場合の許容最大荷重を算定する手順を記している。正しいものを1つ選び，マークシートの解答欄の該当箇所にマークせよ。ただし，継手の幅は100mm，許容引張応力は150N/mm²，許容せん断応力は許容引張応力の0.6倍で，$1/\sqrt{2}=0.7$とする。

等脚長すみ肉溶接
（サイズ: 10 mm）

【111】のど厚は何mmか。
- a　5mm
- b　7mm
- c　10mm
- d　15mm

【112】各すみ肉溶接継手の有効溶接長さは100mmである。荷重は上下一対のすみ肉溶接継手により伝達される。強度計算に用いる全有効溶接長さは何mmか。
- a　100mm
- b　150mm
- c　200mm
- d　400mm

【113】有効のど断面積は何mm^{2}か。
- a　1000mm^2
- b　1400mm^2
- c　2000mm^2
- d　2800mm^2

【114】この継手の許容応力は何N/mm^{2}か。
- a　90N/mm^2
- b　120N/mm^2
- c　150N/mm^2
- d　180N/mm^2

【115】許容最大荷重はいくらか。
- a　126kN
- b　210kN
- c　252kN
- d　420kN

　次の設問【116】～【120】は品質および品質管理について述べている。正しいものを1つ選び，マークシートの解答欄の該当箇所にマークせよ。

【116】ISO 14731（JIS Z 3410）は何を定めた規格か。
- a　品質マネジメントシステム
- b　溶接管理－任務及び責任
- c　溶接の品質要求事項（金属材料の融接に関する品質要求事項）
- d　金属材料の溶接施工要領及びその承認－一般原則

【117】製造の品質はどれか。
- a　できばえの品質
- b　サービスの品質
- c　ねらいの品質
- d　検査の品質

【118】生産能力は工場能力を何％稼動させた時のものか。
- a　50％
- b　70％

 c 80%

 d 100%

【119】品質管理における欧米のアプローチの特徴はどれか。

 a ボトムアップ

 b 生産者重視

 c 供給者重視

 d 契約

【120】トレーサビリティの定義を表すものはどれか。

 a テクニカルレビュー（デザインレビュー）をすること

 b WPSを承認すること

 c 記録により，さかのぼって追跡できること

 d 顧客が品質に対して満足すること

次の設問【121】～【125】は溶接管理技術者の任務について述べている。正しいものを1つ選び，マークシートの解答欄の該当箇所にマークせよ。

【121】材料管理に関わる任務はどれか。

 a 溶接継手の非破壊検査

 b 母材部の品質及び合否判定基準の決定

 c パスごとの溶接金属表面の清掃

 d 切断部材の識別管理

【122】生産計画の立案に関わる任務はどれか。

 a 構造設計強度のレビュー

 b 溶接順序の決定

 c 溶接技能者の適格性確認

 d 作業記録の作成

【123】溶接施工要領の策定において，製造品質面で考慮すべきものはどれか。

 a 鋼材選定

 b 立会検査員選定

 c 溶接作業管理

 d 溶接技能者育成計画

【124】試験・検査に関わる任務はどれか。

 a 溶接継手位置の決定

 b 溶接技能者の教育

 c 溶接作業指示書の発行

 d 溶接変形矯正方法の決定

【125】溶接結果の評価に関わる任務はどれか。

 a 溶接補修の要否判断

 b 溶接順序の決定

 c 非破壊検査記録の作成

 d 寸法記録の作成

次の設問【126】～【130】は溶接入熱および冷却速度について述べている。正しい

ものを１つ選び，マークシートの解答欄の該当箇所にマークせよ。

【126】溶接入熱の計算に必要なのはどれか。
　　a　アーク電圧，溶接速度，板厚
　　b　アーク電圧，溶接速度，溶接電流
　　c　アーク電圧，溶接電流，板厚
　　d　溶接電流，溶接速度，板厚

【127】溶接入熱に反比例するのはどれか。
　　a　アーク電圧
　　b　溶接速度
　　c　板厚
　　d　溶接電流

【128】他の条件を一定として，溶接電流を２倍にすると溶接入熱は何倍となるか。
　　a　1/4倍
　　b　1/2倍
　　c　2倍
　　d　4倍

【129】被覆アーク溶接の溶接金属量は次のどれにほぼ比例するか。
　　a　溶接入熱の逆数
　　b　溶接入熱
　　c　溶接入熱の平方根
　　d　溶接入熱の２乗

【130】溶接入熱が同じ場合，突合せ溶接とＴ形すみ肉溶接との冷却速度の比較で，正しいのはどれか。
　　a　突合せ溶接の冷却速度＞Ｔ形すみ肉溶接の冷却速度
　　b　突合せ溶接の冷却速度＝Ｔ形すみ肉溶接の冷却速度
　　c　突合せ溶接の冷却速度＜Ｔ形すみ肉溶接の冷却速度
　　d　どちらの冷却速度が速いかは，溶接長さに依存する

　　次の設問【131】～【135】は溶接コストおよび生産性について述べている。正しいものを１つ選び，マークシートの解答欄の該当箇所にマークせよ。

【131】溶接コストの構成で正しいのはどれか。
　　a　溶接材料費と溶接設備使用費
　　b　溶接労務費と溶接設備使用費
　　c　溶接労務費と溶接材料費
　　d　溶接労務費，溶接材料費および溶接設備使用費

【132】溶接コストの低減に最も役立つのはどれか。
　　a　開先精度の緩和
　　b　被覆アーク溶接の適用拡大
　　c　大ブロック化
　　d　上向溶接の適用拡大

【133】溶接コストに最も大きく関わるのはどれか。

a　溶接機の定格使用率
b　溶接作業環境
c　溶接施工方法
d　溶接機台数

【134】溶接の生産性を定義する投入（インプット）に該当するのはどれか。

a　溶接機台数
b　生産量
c　溶接長
d　製品個数

【135】溶接の生産性を定義する産出（アウトプット）に該当するのはどれか。

a　溶接機台数
b　溶接材料
c　溶接長
d　溶接技能者数

　次の設問【136】〜【140】は低水素系被覆アーク溶接棒の管理について述べている。正しいものを1つ選び，マークシートの解答欄の該当箇所にマークせよ。

【136】溶接棒を乾燥させる主目的はどれか。

a　低温割れの防止
b　高温割れの防止
c　溶込不良の防止
d　ヒュームの低減

【137】溶接棒の乾燥温度はどれか。

a　50〜100℃
b　150〜200℃
c　300〜400℃
d　500〜600℃

【138】溶接棒の乾燥時間はどれか。

a　5〜10分
b　30〜60分
c　100〜150分
d　200〜300分

【139】溶接棒の乾燥後に使用する保管容器の標準的な温度はどれか。

a　50〜100℃
b　100〜150℃
c　150〜250℃
d　250〜350℃

【140】高張力鋼用溶接棒の大気中での標準的な許容放置時間はどれか。

a　2時間
b　5時間
c　10時間
d　20時間

次の設問【141】～【145】はSM490鋼突合せ継手（板厚25mm）のタック溶接について述べている。正しいものを１つ選び，マークシートの解答欄の該当箇所にマークせよ。

【141】タック溶接の目的はどれか。
    a 残留応力の低減
    b 低温割れの防止
    c 溶落ちの防止
    d 部材の定位置確保

【142】タック溶接に使われる溶接法はどれか。
    a サブマージアーク溶接
    b プラズマアーク溶接
    c マグ溶接
    d スタッド溶接

【143】タック溶接の標準的な最小ビード長さはどれか。
    a 10～20mm
    b 40～50mm
    c 100～120mm
    d 150～200mm

【144】低水素系被覆アーク溶接棒を用いたタック溶接時の標準的な予熱温度はどれか。
    a 25℃
    b 50℃
    c 80℃
    d 150℃

【145】タック溶接の最小ビード長さが規定されている理由はどれか。
    a 溶落ち防止
    b 溶接変形防止
    c 低温割れ防止
    d 高温割れ防止

次の設問【146】～【150】は予熱，パス間温度および直後熱について述べている。正しいものを１つ選び，マークシートの解答欄の該当箇所にマークせよ。

【146】予熱の効果はどれか。
    a スラグはく離性の改善
    b 組織の微細化
    c 鋭敏化の防止
    d 拡散性水素の放出促進

【147】予熱温度を高くすると熱影響部の最高硬さはどうなるか。
    a 低くなる
    b 変わらない
    c 高くなる
    d 低くなる場合と高くなる場合がある

【148】多層溶接で，溶接部のじん性低下を抑制する対策はどれか。
 a 溶接入熱を増やしてパス数を減らす
 b 予熱温度を上げる
 c 直後熱を行う
 d パス間温度の上限を規定する

【149】直後熱の目的はどれか。
 a じん性を向上させる
 b 残留応力を緩和する
 c 低温割れを防止する
 d 強度を向上させる

【150】直後熱の一般的な温度はどれか。
 a 50～100℃
 b 100～150℃
 c 200～350℃
 d 550～650℃

　次の設問【151】～【155】はマグ溶接について述べている。正しいものを１つ選び，マークシートの解答欄の該当箇所にマークせよ。

【151】一般に用いられるシールドガス流量はどれか。
 a 1～5L/分
 b 15～25L/分
 c 40～60L/分
 d 80～100L/分

【152】被覆アーク溶接と比較して，マグ溶接のパス数と角変形はどうなるか。
 a パス数が多く，角変形は小さくなる
 b パス数が多く，角変形は大きくなる
 c パス数が少なく，角変形は小さくなる
 d パス数が少なく，角変形は大きくなる

【153】溶接電流・溶接速度を一定にして，アーク電圧を高くするとどうなるか。
 a ビード幅は狭く，余盛が低くなる
 b ビード幅は狭く，余盛が高くなる
 c ビード幅は広く，余盛が低くなる
 d ビード幅は広く，余盛が高くなる

【154】梨形（ビード）割れの防止策として最も有効なのはどれか。
 a 開先角度を小さくする
 b 開先角度を大きくする
 c 余盛を高くする
 d ビード幅を狭くする

【155】多層溶接で融合不良を防止する対策はどれか。
 a ビード形状が凸とならないようにする
 b シールドガス流量を少なくする
 c 開先角度を狭くする

d　短絡移行形態で溶接する

次の設問【156】～【160】は溶接後熱処理（PWHT）について述べている。正しいものを1つ選び，マークシートの解答欄の該当箇所にマークせよ。

【156】鋼のPWHTで効果がないのはどれか。
a　残留応力の緩和
b　溶接部のじん性向上
c　HAZ硬化部の軟化
d　継手強度の向上

【157】PWHTで防止できる割れはどれか。
a　応力腐食割れ（SCC）
b　梨形（ビード）割れ
c　ラメラテア
d　再熱割れ

【158】PWHT（JIS Z 3700）において，鋼材（母材）の種類により決まるのはどれか。
a　炉入れ・炉から取出し時の炉内温度
b　最小保持時間
c　保持時間中の被加熱部全体にわたる温度差
d　最低保持温度

【159】PWHT（JIS Z 3700）において，板厚により決まるのはどれか。
a　炉入れ・炉から取出し時の炉内温度
b　最小保持時間
c　保持時間中の被加熱部全体にわたる温度差
d　最低保持温度

【160】PWHTが通常要求されない材料はどれか。
a　炭素鋼
b　Cr-Mo鋼
c　3.5％Ni鋼
d　SUS304

次の設問【161】～【165】は溶接欠陥とその対策について述べている。正しいものを1つ選び，マークシートの解答欄の該当箇所にマークせよ。

【161】低温割れが最も発生しにくい溶接法はどれか。
a　セルフシールドアーク溶接
b　ソリッドワイヤを用いたマグ溶接
c　ライムチタニア系溶接棒を用いた被覆アーク溶接
d　高セルロース系溶接棒を用いた被覆アーク溶接

【162】マグ溶接の初層に生じやすい高温割れはどれか。
a　再熱割れ
b　ラメラテア
c　止端割れ

d　梨形（ビード）割れ

【163】再熱割れの防止策はどれか。
a　大入熱で溶接する
b　小入熱で溶接する
c　溶接後熱処理（PWHT）を行う
d　CrやMoを含む母材を選択する

【164】ラメラテアが最も生じやすい継手はどれか。
a　薄板のT継手
b　厚板の十字継手
c　薄板の突合せ継手
d　厚板の突合せ継手

【165】サブマージアーク溶接における最も有効なアンダカット防止策はどれか。
a　溶接電流の低減
b　溶接電流の増加
c　アーク電圧の増加
d　溶接速度の増加

　次の設問【166】～【170】は溶接継手の非破壊試験について述べている。正しいものを１つ選び，マークシートの解答欄の該当箇所にマークせよ。

【166】アンダカットの深さの計測に適している試験はどれか。
a　磁粉探傷試験
b　超音波探傷試験
c　放射線透過試験
d　外観試験

【167】融合不良の検出に適している試験はどれか。
a　磁粉探傷試験
b　超音波探傷試験
c　浸透探傷試験
d　放射線透過試験

【168】角変形の測定に用いるゲージはどれか。
a　ひずみゲージ
b　すきまゲージ
c　テーパゲージ
d　デプスゲージ

【169】母材のラメラテアの検出に適している試験はどれか。
a　超音波探傷試験
b　浸透探傷試験
c　磁粉探傷試験
d　放射線透過試験

【170】表面欠陥と内部欠陥の検出に適した試験の組合せはどれか。
a　放射線透過試験と超音波探傷試験

   b　浸透探傷試験と超音波探傷試験
   c　外観試験と磁粉探傷試験
   d　磁粉探傷試験と渦電流探傷試験

　次の設問【171】〜【175】は放射線透過試験と超音波探傷試験について述べている。正しいものを1つ選び，マークシートの解答欄の該当箇所にマークせよ。

【171】ブローホールはX線フィルム上にどのように写るか。
   a　周囲に比べて白く直線状に写る
   b　周囲に比べて黒く直線状に写る
   c　周囲に比べて白く円形状に写る
   d　周囲に比べて黒く円形状に写る

【172】試験材を透過した放射線強度の正しい記述はどれか。
   a　試験材が厚いほど弱くなる
   b　試験材が厚いほど強くなる
   c　試験材が薄いほど弱くなる
   d　試験材の厚さに関係なく同じである

【173】超音波の進行方向に対して，検出しやすい欠陥はどれか。
   a　平行方向の欠陥
   b　垂直方向の欠陥
   c　45°傾斜した方向の欠陥
   d　60°傾斜した方向の欠陥

【174】通常の超音波探傷器の基本表示（Aスコープ）画面の縦軸と横軸は何か。
   a　縦軸は受信エコーの大きさ，横軸は探触子の位置
   b　縦軸は探触子の位置，横軸は超音波の伝搬距離
   c　縦軸は超音波の伝搬距離，横軸は探触子の位置
   d　縦軸は受信エコーの大きさ，横軸は超音波の伝搬距離

【175】放射線透過試験が超音波探傷試験よりも優れているのはどれか。
   a　割れ深さ位置の推定
   b　欠陥種類の判別
   c　厚板材料の探傷
   d　柱・梁溶接部の検査

　次の設問【176】〜【180】は浸透探傷試験と磁粉探傷試験について述べている。正しいものを1つ選び，マークシートの解答欄の該当箇所にマークせよ。

【176】高張力鋼溶接部の微細な表面割れの検出に最も適している試験はどれか。
   a　水洗性浸透液を用いた浸透探傷試験
   b　溶剤除去性浸透液を用いた浸透探傷試験
   c　プロッド法を用いた磁粉探傷試験
   d　極間法を用いた磁粉探傷試験

【177】浸透探傷試験で浸透液塗布後の標準的な浸透時間（放置時間）はどれか。
   a　1分未満
   b　1〜3分

 c 5～20分
 d 60分以上

【178】浸透探傷試験についての記述で正しいのはどれか。

 a 前処理が不要である
 b きずの方向の影響を受けない
 c 表面温度の影響を受けない
 d きずの深さが推定できる

【179】磁粉探傷試験が適用できる材料はどれか。

 a アルミニウム合金
 b オーステナイト系ステンレス鋼
 c Cr-Mo鋼
 d チタン合金

【180】磁粉探傷試験で，最も微細な欠陥を検出できる磁粉はどれか。

 a 白色磁粉
 b 黒色磁粉
 c 蛍光磁粉
 d 非蛍光磁粉

 次の設問【181】～【185】は感電防止について述べている。正しいものを1つ選び，マークシートの解答欄の該当箇所にマークせよ。

【181】電撃防止装置の使用が義務付けられている溶接法はどれか。

 a 狭あい場所でのティグ溶接
 b 狭あい場所での半自動マグ溶接
 c 高所での交流アーク溶接
 d 高所での半自動マグ溶接

【182】電撃防止装置で遅動時間が設定されている理由はどれか。

 a 溶接電源の保護のため
 b 溶接棒ホルダの絶縁確保のため
 c 被覆アーク溶接棒と溶接棒ホルダとの絶縁維持のため
 d クレータ処理などの作業を円滑に行うため

【183】電撃防止装置を使用していないアーク溶接の感電災害についての正しい記述はどれか。

 a アークを発生していない時は，発生している時よりも感電の危険性は高い
 b アークを発生していない時は，発生している時よりも感電の危険性は低い
 c アークを発生していない時も，発生している時も感電の危険性は高い
 d アーク溶接の場合，感電の危険はほとんどない

【184】感電防止に有効な個人用保護具はどれか。

 a 保護メガネ
 b 防じんマスク
 c 溶接用かわ製保護手袋
 d 溶接用保護面

【185】感電防止に有効な方法はどれか。
 　a　マグ溶接を被覆アーク溶接に替える
 　b　被覆アーク溶接をマグ溶接に替える
 　c　定格出力の大きな溶接電源を用いる
 　d　溶接ケーブルを太いものに交換する

　次の設問【186】～【190】は溶接ヒュームおよび有害ガスからの保護について述べている。正しいものを１つ選び，マークシートの解答欄の該当箇所にマークせよ。

【186】次の溶接作業の中で粉じん作業はどれか。
 　a　電子ビーム溶接
 　b　抵抗溶接
 　c　摩擦攪拌接合
 　d　半自動マグ溶接

【187】じん肺法では，管理区分１の者は，定期的なじん肺健康診断が義務付けられている。その頻度は，何年以内ごとに１回か。
 　a　１年
 　b　２年
 　c　３年
 　d　５年

【188】亜鉛，銅などを含むヒュームによって発症する急性症状はどれか。
 　a　気胸
 　b　金属熱
 　c　化学性肺炎
 　d　じん肺

【189】ヒューム発生量が最も多い溶接法はどれか。
 　a　セルフシールドアーク溶接
 　b　マグ溶接
 　c　ティグ溶接
 　d　サブマージアーク溶接

【190】酸素濃度が18％未満の場合，有効な呼吸用保護具はどれか。
 　a　半面形防じんマスク
 　b　全面形防じんマスク
 　c　送気マスク
 　d　電動ファン付き呼吸用保護具

　次の設問【191】～【195】は溶接作業での安全・衛生について述べている。正しいものを１つ選び，マークシートの解答欄の該当箇所にマークせよ。

【191】換気装置のない狭あいな場所でマグ溶接を長時間行った場合，二酸化炭素はどうなるか。
 　a　作業空間の上部に滞留する
 　b　作業空間の下部に滞留する
 　c　作業空間の中央部に滞留する

　　d　作業空間全体に均一に拡散する

【192】水素ガス容器の識別色はどれか。

　　a　赤色
　　b　かっ色
　　c　緑色
　　d　黒色

【193】酸素ガス容器の識別色はどれか。

　　a　赤色
　　b　かっ色
　　c　緑色
　　d　黒色

【194】空気との混合物で，爆発限界の範囲が最も広い燃料ガスはどれか。

　　a　水素
　　b　アセチレン
　　c　プロパン
　　d　天然ガス

【195】熱中症が疑われる場合の応急措置として，適切でないものはどれか。

　　a　衣服を緩めたり，体に水をかけたりする
　　b　その場に留め，急に移動させない
　　c　スポーツドリンクや塩あめを与える
　　d　意識障害が起こっている場合，病院に搬送する

　　次の設問【196】〜【200】は各種光線について述べている。正しいものを１つ選び，マークシートの解答欄の該当箇所にマークせよ。

【196】眼に照射されると電気性眼炎を起こしやすい光線はどれか。

　　a　赤外線
　　b　紫外線
　　c　青光（ブルーライト）
　　d　X線

【197】眼に強く照射されると網膜炎を起こしやすい光線はどれか。

　　a　赤外線
　　b　紫外線
　　c　青光（ブルーライト）
　　d　X線

【198】眼に照射されると角膜損傷を起こしやすいレーザ光線はどれか。

　　a　CO_2レーザ
　　b　YAGレーザ
　　c　ファイバーレーザ
　　d　半導体レーザ（LDレーザ）

【199】白内障が生じる可能性が最も高いのはどれか。

　　a　短時間のアーク光の照射

　　b　長時間のアーク光の照射
　　c　短時間の紫外線の照射
　　d　長時間のブルーライトの照射

【200】フィルタを2枚重ねて遮光度12相当とする適切な組合せはどれか。
　　a　遮光度5＋遮光度6
　　b　遮光度6＋遮光度6
　　c　遮光度6＋遮光度7
　　d　遮光度7＋遮光度7

●2021年6月6日出題　2級試験問題●

解答例

【1】b，【2】d，【3】a，【4】c，【5】d，【6】a，【7】c，【8】b，
【9】d，【10】b，【11】b，【12】d，【13】b，【14】a，【15】a，【16】a，
【17】b，【18】b，【19】b，【20】d，【21】d，【22】c，【23】d，【24】c，
【25】a，【26】a，【27】d，【28】c，【29】b，【30】d，【31】b，【32】d，
【33】d，【34】d，【35】c，【36】b，【37】c，【38】d，【39】b，【40】d，
【41】a，【42】b，【43】c，【44】d，【45】c，【46】c，【47】b，【48】d，
【49】c，【50】b，【51】b，【52】c，【53】c，【54】d，【55】b，【56】c，
【57】b，【58】c，【59】b，【60】b，【61】a，【62】b，【63】c，【64】b，
【65】b，【66】c，【67】a，【68】a，【69】b，【70】d，【71】c，【72】b，
【73】a，【74】c，【75】a，【76】a，【77】b，【78】a，【79】d，【80】c，
【81】a，【82】c，【83】c，【84】b，【85】a，【86】a，【87】c，【88】d，
【89】c，【90】b，【91】b，【92】c，【93】d，【94】c，【95】c，【96】a，
【97】c，【98】b，【99】b，【100】c，【101】a，【102】c，【103】b，【104】d，
【105】a，【106】b，【107】a，【108】a，【109】a，【110】b，【111】b，【112】c，
【113】b，【114】a，【115】a，【116】b，【117】a，【118】d，【119】d，【120】c，
【121】d，【122】b，【123】c，【124】d，【125】a，【126】b，【127】b，【128】c，
【129】b，【130】c，【131】d，【132】c，【133】c，【134】a，【135】c，【136】a，
【137】c，【138】b，【139】b，【140】b，【141】d，【142】c，【143】b，【144】c，
【145】c，【146】d，【147】a，【148】d，【149】c，【150】c，【151】b，【152】c，
【153】c，【154】b，【155】a，【156】b，【157】c，【158】d，【159】b，【160】d，
【161】b，【162】d，【163】b，【164】c，【165】a，【166】d，【167】b，【168】c，
【169】a，【170】b，【171】d，【172】a，【173】b，【174】d，【175】b，【176】d，
【177】c，【178】b，【179】c，【180】c，【181】c，【182】d，【183】a，【184】c，
【185】b，【186】d，【187】c，【188】b，【189】a，【190】c，【191】b，【192】a，
【193】d，【194】b，【195】b，【196】b，【197】c，【198】a，【199】b，【200】c

●2020年11月1日出題●

2級試験問題

次の設問【1】～【5】は溶接用語について述べている。正しいものを1つ選び，マークシートの解答欄の該当箇所にマークせよ。

【1】アークが軸方向（電極延長線方向）に発生しようとする性質を何というか。
a　アークの硬直性
b　アークの直線性
c　アークの点弧性
d　アークの導電性

【2】アーク柱中心部の軸方向の圧力差によって生じるガスの流れを何というか。
a　アークブロー
b　アーク力
c　プラズマ気流
d　電磁対流

【3】冷却によってアークが断面収縮しようとする作用を何というか。
a　アークの反力
b　電磁ピンチ効果
c　熱的ピンチ効果
d　電磁対流

【4】ワイヤ先端部の溶滴断面を減少させようとする力を何というか。
a　熱的ピンチ力
b　電磁ピンチ力
c　アークの反力
d　アーク圧力

【5】電流によって生じる磁気が，アーク柱に対して著しく非対称に作用した場合に生じるアークの偏向現象を何というか。
a　アークの反力
b　電磁ピンチ力
c　磁気吹き
d　アークの押上げ作用

次の設問【6】～【10】は溶接法の名称について述べている。正しいものを1つ選び，マークシートの解答欄の該当箇所にマークせよ。

【6】突合せた部材の一方（又は両方）を回転させて接合部を軟化させ，軟化後，さらに強い力を加える溶接法はどれか。
a　アプセット溶接
b　フラッシュ溶接
c　摩擦溶接

d シーム溶接

【7】アルミニウム合金の溶接に用いられる溶極式溶接法はどれか。
a ティグ溶接
b プラズマアーク溶接
c ミグ溶接
d マグ溶接

【8】シールドガスに活性ガスを用いるアーク溶接法はどれか。
a ティグ溶接
b プラズマアーク溶接
c マグ溶接
d 被覆アーク溶接

【9】定電圧特性の溶接電源を用いる溶極式溶接法はどれか。
a ティグ溶接
b マグ溶接
c 被覆アーク溶接
d プラズマアーク溶接

【10】小径のツールを回転させながら移動して接合する溶接法はどれか。
a プロジェクション溶接
b 超音波圧接
c シーム溶接
d 摩擦撹拌接合

次の設問【11】～【15】は，溶極（消耗電極）式ガスシールドアーク溶接について述べている。正しいものを１つ選び，マークシートの解答欄の該当箇所にマークせよ。

【11】シールドガスに80％アルゴンと20％炭酸ガスの混合ガスを用いるマグ溶接の小電流・低電圧域での溶滴移行形態はどれか。
a スプレー移行
b ドロップ移行
c 短絡移行
d 反発移行

【12】シールドガスに100％炭酸ガスを用いるマグ溶接の大電流・高電圧域での溶滴移行形態はどれか。
a スプレー移行
b ドロップ移行
c 短絡移行
d 反発移行

【13】シールドガスに100％アルゴンを用いるミグ溶接の中電流・中電圧域で生じる溶滴移行形態はどれか。
a スプレー移行
b ドロップ移行

c　短絡移行
d　反発移行

【14】アークの安定化を目的として，ステンレス鋼の溶接でアルゴンに2〜5%程度添加されるガスはどれか。
a　ヘリウム
b　酸素
c　窒素
d　水素

【15】シールドガスに100%アルゴンを用いたミグ溶接で安定なアーク状態が得られる材料はどれか。
a　軟鋼
b　低合金鋼
c　高張力鋼
d　アルミニウム合金

次の設問【16】〜【20】は溶接条件因子の影響について述べている。正しいものを1つ選び，マークシートの解答欄の該当箇所にマークせよ。

【16】アーク電圧と溶接速度を一定にして，溶接電流を増加させるとどうなるか。
a　ビード幅が減少し，溶込み深さが増加する
b　ビード幅が増加し，溶込み深さが減少する
c　ビード幅，溶込み深さともに増加する
d　ビード幅は変化せず，余盛高さが高くなる

【17】溶接電流と溶接速度を一定にして，アーク電圧を高くするとどうなるか。
a　ビード幅が減少し，溶込み深さが増加する
b　ビード幅が増加し，溶込み深さが減少する
c　ビード幅は変化せず，溶込み深さが増加する
d　ビード幅は変化せず，余盛高さが高くなる

【18】溶接電流とアーク電圧を一定にして，溶接速度を遅くするとどうなるか。
a　ビード幅が減少し，溶込み深さが増加する
b　ビード幅が増加し，溶込み深さが減少する
c　ビード幅，溶込み深さともに増加する
d　ビード幅は変化せず，余盛高さが高くなる

【19】小電流溶接で，溶接速度を速くした場合に生じるのはどれか。
a　溶落ち
b　溶込不良
c　アンダカット
d　オーバラップ

【20】大電流溶接で，溶接速度を速くした場合に生じるのはどれか。
a　溶落ち
b　融合不良
c　アンダカット
d　オーバラップ

次の設問【21】～【25】はパルスティグ溶接について述べている。正しいものを1つ選び，マークシートの解答欄の該当箇所にマークせよ。

【21】電流変化についての正しい記述はどれか。
  a　パルス電流と平均電流とを所定の期間で交互に繰返す
  b　パルス電流と実効電流とを所定の期間で交互に繰返す
  c　パルス電流とベース電流とを所定の期間で交互に繰返す
  d　パルス電流とピーク電流とを所定の期間で交互に繰返す

【22】通電される大電流の名称はどれか。
  a　パルス電流
  b　ベース電流
  c　平均電流
  d　実効電流

【23】小電流を通電する期間の名称はどれか。
  a　パルス期間
  b　ベース期間
  c　低周波期間
  d　アーク期間

【24】低周波パルスティグ溶接の効果はどれか。
  a　小電流アークの硬直性向上
  b　ガスシールド性能の改善
  c　母材への入熱制御
  d　アークの再点弧性改善

【25】中周波パルスティグ溶接の効果はどれか。
  a　小電流アークの硬直性向上
  b　ガスシールド性能の改善
  c　母材への入熱制御
  d　アークの再点弧性改善

次の設問【26】～【30】はマグ溶接について述べている。正しいものを1つ選び，マークシートの解答欄の該当箇所にマークせよ。

【26】溶接トーチのケーブルを接続する電源端子はどれか。
  a　電源に設けたアース端子
  b　プラス側出力端子
  c　マイナス側出力端子
  d　プラス側かマイナス側かのどちらの出力端子でもよい

【27】遠隔操作箱（リモコンボックス）の電流調整つまみを操作して変化させるのはどれか。
  a　ワイヤ送給速度
  b　入力電流
  c　入力電圧
  d　出力電圧

【28】溶接電源の特性はどれか。

a　直流定電流特性
b　直流定電圧特性
c　交流垂下特性
d　交流定電流特性

【29】アーク長の変動に応じて自動的に変化するのはどれか。

a　出力電圧
b　無負荷電圧
c　溶接電流
d　短絡電流

【30】アーク長を一定に保つ作用はどれか。

a　アークのクリーニング作用
b　アークの電磁ピンチ作用
c　電源の自己制御作用
d　電源のフィードフォワード制御作用

次の設問【31】〜【35】は溶接用センサについて述べている。正しいものを1つ選び，マークシートの解答欄の該当箇所にマークせよ。

【31】アークセンサの機能はどれか。

a　溶接線を検出する
b　溶接開始位置を認識する
c　アーク発生時間を検出する
d　ワイヤ送給速度を検出する

【32】アークセンサで利用しているものはどれか。

a　溶接速度
b　ワイヤ送給速度
c　溶接電流
d　短絡回数

【33】アークセンサを用いて下向姿勢でマグ溶接をする場合，V開先内で溶接トーチを揺動させる方向はどれか。

a　溶接線に垂直な上下方向
b　溶接線に平行な方向
c　溶接線に直角な左右方向
d　開先面に沿った方向

【34】カメラを利用して溶接時の情報を得るセンサはどれか。

a　光センサ
b　アークセンサ
c　ワイヤタッチセンサ
d　音センサ

【35】アーク溶接の溶接線検知に用いられないものはどれか。

a　光センサ
b　アークセンサ

 c　ワイヤタッチセンサ
 d　音センサ

 次の設問【36】～【40】はプラズマ切断について述べている。正しいものを１つ選び，マークシートの解答欄の該当箇所にマークせよ。

【36】アークを拘束するトーチ部品はどれか。
 a　シールドキャップ
 b　ノズル（ノズル電極）
 c　コンタクトチップ
 d　コレット

【37】作動ガス（プラズマガス）としてアルゴンを用いる場合に利用する熱はどれか。
 a　化学反応熱
 b　アーク熱
 c　アーク熱と化学反応熱
 d　摩擦熱

【38】作動ガスにアルゴンを用いる場合の電極材料はどれか。
 a　鋼
 b　タングステン
 c　ハフニウム
 d　炭素

【39】作動ガスとして空気を用いる場合に利用する熱はどれか。
 a　化学反応熱
 b　アーク熱
 c　アーク熱と化学反応熱
 d　摩擦熱

【40】作動ガスに空気を用いる場合の電極材料はどれか。
 a　鋼
 b　タングステン
 c　ハフニウム
 d　炭素

 次の設問【41】～【45】は鋼について述べている。正しいものを１つ選び，マークシートの解答欄の該当箇所にマークせよ。

【41】低炭素鋼の炭素含有量の上限はどれか。
 a　0.1％
 b　0.3％
 c　0.5％
 d　0.7％

【42】炭素鋼におけるフェライトとセメンタイトの層状の混合組織はどれか。
 a　ベイナイト
 b　マルテンサイト

　　c　パーライト
　　d　オーステナイト

【43】軟鋼を1000℃に加熱・保持したときの組織はどれか。

　　a　フェライト
　　b　パーライト
　　c　オーステナイト
　　d　マルテンサイト

【44】軟鋼を1000℃から室温まで徐冷したときに観察される組織はどれか。

　　a　フェライトとパーライト
　　b　パーライトとオーステナイト
　　c　マルテンサイトとオーステナイト
　　d　オーステナイトとフェライト

【45】軟鋼を1000℃から室温まで急冷したときに生成する組織はどれか。

　　a　フェライト
　　b　パーライト
　　c　オーステナイト
　　d　マルテンサイト

　　次の設問【46】～【50】は鋼の熱処理について述べている。正しいものを1つ選び，マークシートの解答欄の該当箇所にマークせよ。

【46】組織を微細化するために，オーステナイト温度域から空冷する処理はどれか。

　　a　焼なまし
　　b　焼入れ
　　c　焼ならし
　　d　焼戻し

【47】硬さや強度を増すために，オーステナイト温度域から急冷する処理はどれか。

　　a　焼なまし
　　b　焼入れ
　　c　焼ならし
　　d　焼戻し

【48】オーステナイト温度域から急冷処理後，じん性を向上させるため600℃程度の温度に再加熱し，空冷する処理はどれか。

　　a　焼なまし
　　b　焼入れ
　　c　焼ならし
　　d　焼戻し

【49】A_3温度より約50℃高い温度に加熱して，一様なオーステナイト組織にした後，炉中で徐冷する処理はどれか。

　　a　焼なまし
　　b　焼入れ
　　c　焼ならし

d　焼戻し

【50】温度や圧下量を適正に制御した圧延を行い，引き続き加速冷却して機械的性質を改善する処理はどれか。

a　固溶化熱処理
b　安定化熱処理
c　加工熱処理（熱加工制御）
d　サブゼロ処理（深冷処理）

次の設問【51】〜【55】は鋼材規格について述べている。正しいものを 1 つ選び，マークシートの解答欄の該当箇所にマークせよ。

【51】JIS 鋼材規格の材料記号 SS400 で，記号 SS の後に続く数字が表すものはどれか。

a　硬さ
b　引張強さ
c　疲れ強さ
d　降伏点または耐力

【52】一般構造用圧延鋼材 SS400 の化学成分で規定されているものはどれか。

a　炭素当量（Ceq）
b　C 量
c　Si および Mn 量
d　S および P 量

【53】溶接構造用圧延鋼材 SM490A，B，C の 3 種類で規定が異なるものはどれか。

a　引張強さ
b　降伏点または耐力
c　シャルピー吸収エネルギー
d　疲れ強さ

【54】溶接構造用圧延鋼材 SM 材には規定がなくて，建築構造用圧延鋼材 SN400B，C に規定されているのはどれか。

a　硬さ
b　引張強さ
c　炭素量
d　降伏比

【55】建築構造用圧延鋼材 SN400A，B には規定がなくて，SN400C のみに規定されているのはどれか。

a　板厚方向の絞り値
b　降伏点または耐力
c　シャルピー吸収エネルギー
d　疲れ強さ

次の設問【56】〜【60】は各種鋼材について述べている。正しいものを 1 つ選び，マークシートの解答欄の該当箇所にマークせよ。

【56】一般に，高張力鋼の引張強さはいくら以上か。
 a　350N/mm²
 b　490N/mm²
 c　570N/mm²
 d　780N/mm²

【57】低温用鋼で特に重視される特性はどれか。
 a　引張強さ
 b　絞り
 c　じん性
 d　耐食性

【58】前問【57】の特性を確保するため，低温用鋼に添加される合金元素はどれか。
 a　Cr
 b　Ni
 c　Si
 d　C

【59】高温用鋼で特に重視される特性はどれか。
 a　制振性
 b　座屈強さ
 c　クリープ強さ
 d　破断伸び

【60】前問【59】の特性を確保するため，高温用鋼に添加される合金元素はどれか。
 a　ZnとPb
 b　CrとMo
 c　MgとCa
 d　AlとCu

　次の設問【61】～【65】は鋼材の溶接熱影響部について述べている。正しいものを1つ選び，マークシートの解答欄の該当箇所にマークせよ。

【61】1250℃以上に加熱され，ぜい化や硬化が生じやすい領域はどれか。
 a　粗粒域
 b　細粒域
 c　部分変態域（二相加熱域）
 d　母材原質域

【62】A₃温度直上に加熱されて変態が生じ，じん性が良好な領域はどれか。
 a　粗粒域
 b　細粒域
 c　部分変態域（二相加熱域）
 d　母材原質域

【63】A₃～A₁温度に加熱された領域はどれか。
 a　粗粒域
 b　細粒域

c　部分変態域（二相加熱域）
d　母材原質域

【64】溶接熱影響部の最高硬さに及ぼす化学組成の影響を表す指標はどれか。
a　化学当量
b　Cr当量
c　Ni当量
d　炭素当量

【65】多パス溶接と1パス溶接の熱影響部を比較したとき，正しい記述はどれか。
a　多パス溶接の熱影響部の方が，硬さが高い場合が多い
b　多パス溶接の熱影響部の方が，じん性に優れる場合が多い
c　両者の熱影響部の機械的性質には差がない
d　両者の熱影響部の金属組織には差がない

　次の設問【66】〜【70】は溶接入熱と冷却速度について述べている。正しいものを1つ選び，マークシートの解答欄の該当箇所にマークせよ。

【66】板厚20mmの鋼板を，溶接電流200A，アーク電圧25V，溶接速度30cm/分，パス間温度200℃でマグ溶接したときの溶接入熱はいくらか。
a　1,000J/cm
b　2,000J/cm
c　5,000J/cm
d　10,000J/cm

【67】炭素鋼溶接部の冷却時間を定量的に表す指標に用いられる温度範囲はどれか。
a　1400℃〜1100℃
b　1100℃〜800℃
c　800℃〜500℃
d　500℃〜200℃

【68】溶接部の冷却速度について，正しい記述はどれか。
a　溶接入熱が小さくなると，溶接部の冷却速度は速くなる
b　予熱・パス間温度が高くなると，溶接部の冷却速度は速くなる
c　板厚が厚い溶接ほど，溶接部の冷却速度は遅くなる
d　溶接部の冷却速度は，材質や継手形状に依存しない

【69】炭素鋼の溶接において，溶接入熱が過大となると，どうなるか。
a　結晶粒が粗大化し，溶接部のぜい化をまねく
b　結晶粒が細粒化し，強度の低下をまねく
c　溶接熱影響部の硬さが高くなり，延性が低下する
d　溶接継手の機械的特性には影響しない

【70】高張力鋼の溶接において，溶接入熱が過小となると，どうなるか。
a　結晶粒が粗大化し，溶接部のぜい化をまねく
b　結晶粒が細粒化し，強度の低下をまねく
c　溶接熱影響部の硬さが高くなり，延性が低下する
d　溶接継手の機械的特性には影響しない

　次の設問【71】～【75】は溶接部の欠陥および割れについて述べている。正しいものを1つ選び，マークシートの解答欄の該当箇所にマークせよ。

【71】溶融したフラックスが浮上しきれないで，溶接金属内または融合部に残存した欠陥はどれか。
　a　スラグ巻込み
　b　ポロシティ
　c　オーバラップ
　d　アンダカット

【72】ブローホールについて正しいのはどれか。
　a　溶接金属へのガス成分の溶解度が大きいほど発生しやすい
　b　溶接入熱を小さくし，凝固速度を速くすると発生しにくくなる
　c　溶融金属の凝固過程で溶接金属内に発生する
　d　溶接後熱処理したとき溶接熱影響部に発生する

【73】溶融金属が最後に凝固した位置に生じる割れはどれか。
　a　液化割れ
　b　延性低下割れ
　c　遅れ割れ
　d　凝固割れ

【74】溶融境界部において発生し，低融点不純物の局部溶融によって生じる割れはどれか。
　a　凝固割れ
　b　液化割れ
　c　延性低下割れ
　d　再熱割れ

【75】溶接後熱処理などの熱処理を加えた場合に，溶融境界部の溶接熱影響部に生じる割れはどれか。
　a　再熱割れ
　b　遅れ割れ
　c　延性低下割れ
　d　ラメラテア

　次の設問【76】～【80】は下図に示すSM490鋼の低温割れと予熱温度について述べている。正しいものを1つ選び，マークシートの解答欄の該当箇所にマークせよ。

【76】低温割れの主たる発生要因は3つある。下記のうち，該当しないものはどれか。
　a　溶接部に侵入した拡散性水素
　b　硬化組織の生成
　c　低融点液膜の形成
　d　継手の拘束度（応力）

【77】右図の横軸中に含まれるP_{CM}は何と呼ばれるか。
　a　化学当量
　b　炭素当量

c　焼戻パラメータ
d　溶接割れ感受性組成

$$P_C = P_{CM} + \frac{板厚(mm)}{600} + \frac{水素量(ml/100g)}{60}$$

【78】$P_{CM} = 0.25$ の板厚36mmの鋼材を用いて，溶着金属の水素量2.4ml/100gの溶接棒による被覆アーク溶接を行う場合，上図の横軸のP_C値はいくらと計算されるか。

　a　0.25
　b　0.3
　c　0.35
　d　0.4

【79】前問【78】の場合，低温割れを防止する最低予熱温度は何℃か。

　a　50℃
　b　100℃
　c　150℃
　d　200℃

【80】予熱を行うと低温割れが防止できるのはなぜか。

　a　冷却速度が遅くなり，溶接部の硬化を抑制し，水素の拡散・放出を促進できるため
　b　溶込みが浅くなり，溶接部の軟化と結晶粒粗大化を促進できるため
　c　シールド不良が抑制され，酸素および窒素量が低減できるため
　d　不純物元素の偏析が抑制され，炭化物の析出が防止できるため

　次の設問【81】～【85】はステンレス鋼とその溶接性について述べている。正しいものを１つ選び，マークシートの解答欄の該当箇所にマークせよ。

【81】オーステナイト系ステンレス鋼はどれか。

　a　SUS410
　b　SUS430
　c　SUS316
　d　SUS329J3L

【82】ステンレス鋼が優れた耐食性を示す主なメカニズムはどれか。

　a　不純物元素（PおよびS）による低融点液膜の形成
　b　クロム炭化物の粒界析出
　c　不働態皮膜（クロム酸化物）の形成

d　シグマ相の析出

【83】フェライト系ステンレス鋼の溶接部に発生する問題はどれか。
a　応力腐食割れの発生
b　じん性の低下
c　オーステナイト相の増加
d　ラメラテアの発生

【84】オーステナイト系ステンレス鋼に発生する凝固割れの防止策はどれか。
a　拡散性水素量の低減
b　予熱の実施
c　適切なフェライト量が得られる溶接材料の使用
d　600℃〜650℃での溶接後熱処理の実施

【85】オーステナイト系ステンレス鋼の溶接熱影響部に発生するウェルドディケイの主な原因はどれか。
a　不純物元素による低融点液膜の形成
b　クロム炭化物の粒界析出
c　クロム酸化物の形成
d　シグマ相の析出

　次の設問【86】〜【90】は材料力学の基礎について述べている。正しいものを1つ選び，マークシートの解答欄の該当箇所にマークせよ。

【86】　荷重を除去したときに変形がもとに戻る性質はどれか。
a　弾性
b　塑性
c　延性
d　剛性

【87】長さ変化量の初期長さに対する割合を何というか。
a　剛性
b　弾性
c　応力
d　ひずみ

【88】広幅平板に存在する円孔の応力集中係数はいくつか。
a　2.0
b　2.5
c　3.0
d　3.5

【89】軟鋼と高張力鋼のヤング率（縦弾性係数）の比較で正しい記述はどれか。
a　軟鋼の方が大きい
b　高張力鋼の方が大きい
c　ほとんど同じである
d　板厚によって大小関係が異なる

【90】静的引張試験で測定される機械的性質はどれか。

a　降伏応力
b　疲れ強さ
c　クリープ強さ
d　吸収エネルギー

　次の設問【91】～【95】は溶接継手の強さについて述べている。正しいものを1つ選び，マークシートの解答欄の該当箇所にマークせよ。

【91】溶接継手の静的引張強さについて正しい記述はどれか。
　a　余盛の影響を受ける
　b　残留応力の影響を受ける
　c　余盛と残留応力の影響をともに受けない
　d　余盛と残留応力の影響をともに受ける

【92】ぜい性破壊が生じにくい材料はどれか。
　a　破面遷移温度が高く，上部棚エネルギーの大きな材料
　b　破面遷移温度が高く，上部棚エネルギーの小さい材料
　c　破面遷移温度が低く，上部棚エネルギーの大きな材料
　d　破面遷移温度が低く，上部棚エネルギーの小さい材料

【93】溶接部のじん性について正しい記述はどれか。
　a　温度が高くなると低下する
　b　溶接入熱が過大になると低下する
　c　板厚が小さくなると低下する
　d　炭素当量が低くなると低下する

【94】溶接継手の疲れ強さについて正しい記述はどれか。
　a　残留応力の影響は受けない
　b　応力集中の影響は受けない
　c　残留応力と応力集中の影響をともに受けない
　d　残留応力と応力集中の影響をともに受ける

【95】余盛付き溶接継手の疲れ強さを向上させる方法はどれか。
　a　高張力鋼を使用する
　b　炭素当量を低くする
　c　余盛止端をなめらかに仕上げる
　d　溶接部の水素量を少なくする

　次の設問【96】～【100】は溶接変形と残留応力について述べている。正しいものを1つ選び，マークシートの解答欄の該当箇所にマークせよ。

【96】平板突合せ溶接継手では，最大残留応力はどの方向に生じるか。
　a　溶接線方向
　b　溶接線直角方向
　c　板厚方向
　d　方向には無関係

【97】横収縮と溶接入熱との関係で，正しい記述はどれか。

a　横収縮は，溶接入熱が増加すると小さくなる
b　横収縮は，溶接入熱が増加すると大きくなる
c　横収縮は，ある値の溶接入熱で最大となる
d　横収縮は，溶接入熱とは無関係である

【98】残留応力と溶接変形との関係で，正しい記述はどれか。
a　残留応力は，溶接変形を拘束すると小さくなる
b　残留応力は，溶接変形を拘束すると大きくなる
c　残留応力は，溶接変形を拘束すると生じない
d　残留応力は，溶接変形を拘束しても変わらない

【99】角変形と溶接入熱との関係で，正しい記述はどれか。
a　角変形は，溶接入熱が増加すると単調に小さくなる
b　角変形は，溶接入熱が増加すると単調に大きくなる
c　角変形は，ある値の溶接入熱で最大となる
d　角変形は，溶接入熱とは無関係である

【100】溶接残留応力（最大値）と材料の降伏応力との関係で，正しい記述はどれか。
a　残留応力は，降伏応力が大きいと小さくなる
b　残留応力は，降伏応力が大きいと大きくなる
c　残留応力は，降伏応力の約半分の大きさである
d　残留応力は，降伏応力とは無関係である

　次の設問【101】～【105】はJIS溶接記号について述べている。表記は第三角法による。正しいものを1つ選び，マークシートの解答欄の該当箇所にマークせよ。

【101】右図の溶接記号が表している開先形状はどれか。

【102】脚長6mmの両側すみ肉溶接を行う溶接記号はどれか。

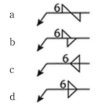

【103】全線で放射線透過試験を行う溶接記号はどれか。
a　〇－RT

b △ - RT
c RT - ○
d RT - △

【104】全周現場溶接を行う溶接記号はどれか。

a

b

c

d

【105】ルート間隔2mmのV形開先で完全溶込み溶接を矢の側から行う溶接記号はどれか。

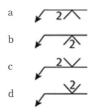

a

b

c

d

　次の設問【106】～【110】は溶接設計について述べている。正しいものを1つ選び，マークシートの解答欄の該当箇所にマークせよ。

【106】溶接設計における留意点はどれか。
　a　溶接継手の箇所数は必要最小限とする
　b　開先断面積はなるべく大きくする
　c　溶接線を近接させ，溶接能率を上げる
　d　継手位置は，構造不連続部と無関係に設定する

【107】板厚の異なる平板の突合せ溶接継手で，強度計算に用いるのど厚はどれか。
　a　両板厚の差
　b　両板厚の平均値
　c　小さい方の板厚
　d　大きい方の板厚

【108】溶接継手の静的強度計算にあたっては，一般に，応力集中や残留応力は考慮するか。
　a　どちらも考慮する
　b　応力集中は考慮するが残留応力は考慮しない
　c　残留応力は考慮するが応力集中は考慮しない
　d　どちらも考慮しない

【109】鋼構造設計規準や道路橋示方書で，すみ肉溶接のサイズに上限値を設けているのは

なぜか。
a　疲れ強さの低下を防ぐため
b　熱影響部の急冷・硬化による低温割れを防ぐため
c　材質劣化や過大な溶接変形を防ぐため
d　残留応力を低減するため

【110】多層突合せ溶接において，角変形が最も大きくなりやすい開先形状はどれか。
a　X形開先
b　レ形開先
c　V形開先
d　H形開先

　次の設問【111】～【115】は側面すみ肉溶接継手に引張荷重Pが作用する場合の許容最大荷重を算定する手順を述べている。正しいものを1つ選び，マークシートの解答欄の該当箇所にマークせよ。ただし，許容引張応力は140N/mm²，許容せん断応力は80N/mm²で，1/√2=0.7とする。

【111】溶接長をそのまま有効溶接長さとすると，強度計算に用いる全有効溶接長さは何mmか。

a　200mm
b　300mm
c　400mm
d　500mm

【112】すみ肉溶接部ののど厚は何mmか。

a　5 mm
b　7 mm
c　10mm
d　14mm

【113】強度計算に用いる有効のど断面積は何mm²か。

a　1,400mm²
b　2,000mm²
c　2,800mm²
d　4,000mm²

【114】この継手の許容応力は何N/mm²か。

a　80N/mm²
b　110N/mm²
c　140N/mm²
d　220N/mm²

【115】許容最大荷重は何kNか。

a　112kN
b　224kN
c　308kN
d　392kN

次の設問【116】〜【120】は品質および品質管理について述べている。正しいものを1つ選び，マークシートの解答欄の該当箇所にマークせよ。

【116】デミングらが提唱したのはどれか。
  a 要員認証システム
  b トレーサビリティ
  c 溶接管理システム
  d PDCAサイクル（サークル）

【117】設計，製造，検査，営業の各部門が集まって，設計の品質を検討する会議はどれか。
  a 生産計画会議
  b 設計図書出図会議
  c 施工要領レビュー会議
  d デザインレビュー会議

【118】「品質マネジメントシステム−要求事項」規格はどれか。
  a ISO 3834（JIS Z 3400）
  b ISO 9001（JIS Q 9001）
  c ISO 14001（JIS Q 14001）
  d ISO 14731（JIS Z 3410）

【119】「金属材料の融接に関する品質要求事項」規格はどれか。
  a ISO 3834（JIS Z 3400）
  b ISO 9001（JIS Q 9001）
  c ISO 14001（JIS Q 14001）
  d ISO 14731（JIS Z 3410）

【120】品質管理に用いられる図はどれか。
  a CCT図
  b 回路図
  c S-N線図
  d 特性要因図

次の設問【121】〜【125】は溶接施工法および施工要領について述べている。正しいものを1つ選び，マークシートの解答欄の該当箇所にマークせよ。

【121】pWPSはどれか。
  a 承認前の溶接施工要領書
  b 承認された溶接施工要領書
  c 承認前の溶接施工法承認記録
  d 承認された溶接施工法承認記録

【122】溶接施工法承認記録で承認されるのはどれか。
  a 溶接作業者
  b 鋼材の供給メーカ
  c 溶接姿勢
  d 溶接機の形式

【123】鋼の突合せ溶接（完全溶込み）の溶接施工法試験で必ず要求される試験はどれか。

a　衝撃試験
b　溶接金属引張試験
c　継手引張試験
d　疲労試験

【124】標準化された試験材の溶接および試験による溶接施工要領の承認方法はどれか。
a　製造前溶接試験による承認
b　溶接施工法試験による承認
c　承認された溶接材料の使用による承認
d　過去の溶接実績による承認

【125】溶接確認項目（エッセンシャルバリアブル）はどれか。
a　溶接に必要な技量項目
b　客先承認項目
c　溶接設計に必要な項目
d　溶接継手の品質に影響を与える項目

　次の設問【126】〜【130】は溶接に使われる用語について述べている。正しいもの
を１つ選び，マークシートの解答欄の該当箇所にマークせよ。

【126】溶着速度を示すのはどれか。
a　単位時間当りの溶着金属量
b　単位時間当りの溶接材料の溶融量
c　単位時間当りの溶接長
d　継手の単位長さ当りの溶接材料消耗量

【127】溶接機の負荷率を示すのはどれか。
a　アーク発生時間の合計÷全作業時間
b　パルス時間÷パルス周期
c　溶接入熱÷投入電力
d　実作業での平均溶接電流÷定格出力電流

【128】アークタイムの計算式はどれか。
a　必要な溶接金属量÷溶着速度
b　必要な溶接金属量×溶着速度
c　溶着速度÷必要な溶接金属量
d　必要な溶接金属量÷溶接技能者数

【129】生産性を示すのはどれか。
a　総コスト÷溶接機台数
b　材料重量÷溶接機台数
c　設備費÷労働時間
d　産出（アウトプット）÷投入（インプット）

【130】溶接生産性を示すのはどれか。
a　工場労働者数÷溶接機台数
b　加工鋼材重量÷溶接作業時間
c　総コスト÷総労働時間
d　溶接材料費÷溶接作業時間

次の設問【131】〜【135】はマグ溶接について述べている。正しいものを1つ選び，マークシートの解答欄の該当箇所にマークせよ。

【131】最大ウィービング幅の目安はノズル口径の何倍程度か。
  a 0.2倍
  b 0.5倍
  c 1.5倍
  d 5倍

【132】被覆アーク溶接と比較して，パス数と角変形はどうなるか。
  a パス数が多く，角変形は小さくなる
  b パス数が多く，角変形は大きくなる
  c パス数が少なく，角変形は小さくなる
  d パス数が少なく，角変形は大きくなる

【133】立向下進溶接で一般に用いられるトーチ角（傾斜角）はどれか。
  a 前進角
  b 垂直
  c 平行
  d 後進角

【134】立向下進溶接の溶込みは，下向溶接と比べてどうなるか。
  a 浅くなる
  b 変らない
  c 深くなる
  d 溶接条件によって異なる

【135】多層溶接で融合不良を防止する対策はどれか。
  a ビード形状が凸とならないようにする
  b シールドガス流量を少なくする
  c 開先角度を狭くする
  d 短絡移行形態となる溶接条件を選定する

次の設問【136】〜【140】は予熱およびパス間温度について述べている。正しいものを1つ選び，マークシートの解答欄の該当箇所にマークせよ。

【136】予熱に用いられていない方法はどれか。
  a ガス炎加熱
  b 電気抵抗加熱
  c プラズマ加熱
  d 炉中加熱

【137】予熱温度を高くすると熱影響部の最高硬さはどうなるか。
  a 低くなる
  b 変わらない
  c 高くなる
  d 低くなる場合と高くなる場合がある

【138】板厚50mmの780N/mm²級高張力鋼の溶接で予熱温度の目安はどれか。

a　30℃
b　100℃
c　250℃
d　350℃

【139】板厚25mmの溶接で必要な予熱範囲はどれか。

a　開先内部のみ
b　開先を挟んで片側あたり20mm～50mm
c　開先を挟んで片側あたり50mm～100mm
d　開先を挟んで片側あたり100mm～200mm

【140】パス間温度の上限を規定する理由はどれか。

a　低温割れ防止
b　溶接部の強度低下およびぜい化防止
c　溶接部の硬化防止
d　溶接熱影響部の細粒化防止

　次の設問【141】～【145】はガウジングについて述べている。正しいものを1つ選び，マークシートの解答欄の該当箇所にマークせよ。

【141】一般に，ガウジングによる裏はつりが必要な溶接はどれか。

a　薄板突合せ継手の片側溶接
b　中・厚板突合せ継手の片側溶接
c　中・厚板突合せ継手の両側溶接
d　重ね継手の両側溶接

【142】エアアークガウジングに使用される電極材料はどれか。

a　炭素
b　タングステン
c　低合金鋼
d　ハフニウム

【143】エアアークガウジングでノズルから噴出させる気体はどれか。

a　酸素
b　窒素
c　水素
d　空気

【144】エアアークガウジングを用いた裏はつりで，付着して溶接割れの原因となるのはどれか。

a　プライマ
b　炭素
c　油脂
d　タングステン

【145】ガスガウジングに比べた，エアアークガウジングの特長はどれか。

a　騒音が小さい
b　換気が不要

c 熱変形が少ない
d 防じんマスクの着用が不要

次の設問【146】～【150】はティグ溶接とサブマージアーク溶接について述べている。正しいものを1つ選び，マークシートの解答欄の該当箇所にマークせよ。

【146】ティグ溶接のシールドガスとしてアルゴンを用いる利点はどれか。
a 深溶込みが得られる
b 溶接速度を速くできる
c 溶接金属の品質がよくなる
d アークの冷却効果がもっとも大きい

【147】ティグ溶接でプリフローガスを流す主な理由はどれか。
a ガス流量の低減
b トーチ内残留ガスの除去
c クレータのシールド確保
d ノズルの保護

【148】サブマージアーク溶接の特長はどれか。
a 全姿勢溶接が可能
b 低温割れを生じにくい
c 大電流が使用できる
d ロボット溶接に適している

【149】サブマージアーク溶接に用いるフラックスはどれか。
a メタル系フラックスおよび溶融フラックス
b ボンドフラックスおよび溶融フラックス
c メタル系フラックスおよびボンドフラックス
d メタル系フラックスおよびスラグ系フラックス

【150】大入熱サブマージアーク溶接の熱影響部に生じる現象はどれか。
a 細粒化や硬化
b 細粒化やぜい化
c 粗粒化や硬化
d 粗粒化やぜい化

次の設問【151】～【155】は鋼のPWHT（溶接後熱処理）について述べている。正しいものを1つ選び，マークシートの解答欄の該当箇所にマークせよ。

【151】PWHTの目的はどれか。
a 再熱割れ防止
b 高温割れ防止
c 継手強度向上
d 残留応力低減

【152】PWHTで生じる割れはどれか。
a 低温割れ
b 高温割れ

　c　再熱割れ
　d　ラメラテア

【153】PWHT（JIS Z 3700）において，鋼材（母材）の種類により決まるのはどれか。
　a　炉入れ・炉から取出し時の炉内温度
　b　最小保持時間
　c　保持時間中の被加熱部全体にわたる温度差
　d　最低保持温度

【154】PWHT（JIS Z 3700）において，板厚により決まるのはどれか。
　a　炉入れ・炉から取出し時の炉内温度
　b　最小保持時間
　c　保持時間中の被加熱部全体にわたる温度差
　d　最低保持温度

【155】PWHTが通常要求されない材料はどれか。
　a　炭素鋼
　b　Cr-Mo鋼
　c　3.5Ni鋼
　d　オーステナイト系ステンレス鋼

　次の設問【156】〜【160】は溶接変形の低減について述べている。正しいものを1つ選び，マークシートの解答欄の該当箇所にマークせよ。

【156】溶接変形低減に効果のある溶着法はどれか。
　a　後退法
　b　ブロック法
　c　飛石法
　d　カスケード法

【157】溶接後の角変形を小さくする方法はどれか。
　a　カスケード法
　b　バタリング法
　c　飛石法
　d　逆ひずみ法

【158】突合せ継手で横収縮を低減させる方法はどれか。
　a　開先断面積を小さくする
　b　開先角度を大きくする
　c　目違い修正ピースを用いる
　d　スカラップを用いる

【159】ストロングバックで低減できる溶接変形はどれか。
　a　座屈変形
　b　縦収縮
　c　角変形
　d　縦曲り変形

【160】溶接変形の矯正に用いられる方法はどれか。

  a PWHT（溶接後熱処理）
  b 線状加熱
  c テンパビード法
  d 直後熱

　次の設問【161】〜【165】は溶接割れについて述べている。正しいものを1つ選び，マークシートの解答欄の該当箇所にマークせよ。

【161】低温割れが最も発生しにくい溶接法はどれか。
  a セルフシールドアーク溶接
  b ソリッドワイヤを用いたマグ溶接
  c ライムチタニア系溶接棒を用いた被覆アーク溶接
  d イルミナイト系溶接棒を用いた被覆アーク溶接

【162】梨形（ビード）割れの防止策として最も有効なのはどれか。
  a 開先角度を小さくする
  b 開先角度を大きくする
  c 余盛を高くする
  d 余盛を低くする

【163】梨形（ビード）割れの防止策として有効な溶接条件はどれか。
  a 溶接電流を低くし，溶接速度を遅くする
  b 溶接電流を低くし，溶接速度を速くする
  c 溶接電流を高くし，溶接速度を遅くする
  d 溶接電流を高くし，溶接速度を速くする

【164】最もラメラテアが生じにくい鋼材はどれか。
  a 板厚方向の絞り値が小さい鋼
  b 板厚方向の絞り値が大きい鋼
  c シャルピー吸収エネルギーが低い鋼
  d 遷移温度が高い鋼

【165】ラメラテアを防止するために鋼材組成で低減させる元素はどれか。
  a S
  b Ni
  c O
  d N

　次の設問【166】〜【170】は溶接継手の非破壊試験方法について述べている。正しいものを1つ選び，マークシートの解答欄の該当箇所にマークせよ。

【166】溶接ゲージを用いる試験方法はどれか。
  a 外観試験
  b 渦電流探傷試験
  c 磁粉探傷試験
  d 浸透探傷試験

【167】板厚方向の欠陥深さ位置を推定しやすい試験方法はどれか。

a　磁粉探傷試験
b　浸透探傷試験
c　放射線透過試験
d　超音波探傷試験

【168】アルミニウム合金溶接部の表面割れの検出に適している試験方法はどれか。

a　磁粉探傷試験
b　浸透探傷試験
c　放射線透過試験
d　超音波探傷試験

【169】母材部のラミネーションの検出に適している試験方法はどれか。

a　磁粉探傷試験
b　浸透探傷試験
c　放射線透過試験
d　超音波探傷試験

【170】透過度計を用いる試験方法はどれか。

a　磁粉探傷試験
b　浸透探傷試験
c　放射線透過試験
d　超音波探傷試験

　次の設問【171】～【175】は溶接部表面の非破壊試験について述べている。正しいものを 1 つ選び，マークシートの解答欄の該当箇所にマークせよ。

【171】磁粉探傷試験（MT）について，正しい記述はどれか。

a　アルミニウムなどの非磁性材料に適用できる
b　磁化させるときず部で漏洩磁束を生じる
c　表層部の非開口の欠陥は検出できない
d　指示模様の幅は実際のきずの幅より小さい

【172】極間法による磁粉探傷試験で縦割れを検出するのに適した磁極配置はどれか。

a　磁極を結ぶ方向と溶接線方向を平行にする
b　磁極を結ぶ方向と溶接線方向を直角にする
c　磁極を結ぶ方向と溶接線方向を 45 度傾ける
d　磁極を結ぶ方向は，特に考慮する必要はない

【173】浸透探傷試験（PT）の特徴について，正しい記述はどれか。

a　試験材料の温度の影響を受けない
b　非鉄金属にも適用できる
c　表面粗さの影響を受けない
d　きずの深さが推定できる

【174】浸透探傷試験の除去処理の実施時期について，正しい記述はどれか。

a　前処理の後で浸透処理の前
b　乾燥処理の後で現像処理の前
c　現像処理の後で観察の前
d　浸透処理の後で現像処理の前

【175】すみ肉溶接の外観試験の対象となるのはどれか。
  a　目違い
  b　脚長
  c　溶込み深さ
  d　ルート割れ

　次の設問【176】～【180】は溶接内部の非破壊試験方法について述べている。正しいものを1つ選び，マークシートの解答欄の該当箇所にマークせよ。

【176】放射線透過試験が超音波探傷試験よりも優れているのはどれか。
  a　試験結果がすぐにわかる
  b　消耗品が安価である
  c　他の作業との混在が可能
  d　欠陥の種類判別ができる

【177】放射線透過試験でスラグ巻込みはフィルム上でどのように写るか。
  a　周辺に比べて白く写る
  b　周辺に比べて黒く写る
  c　周辺と差がない
  d　スラグの厚さによって白または黒く写る

【178】放射線透過試験で検出困難な欠陥はどれか。
  a　ラメラテア
  b　ブローホール
  c　スラグ巻込み
  d　溶込不良

【179】超音波探傷試験において欠陥の深さ位置を求めるのに必要な情報はどれか。
  a　エコー高さ
  b　ビーム路程
  c　ビーム幅
  d　指示長さ

【180】超音波探傷試験がオーステナイト系ステンレス鋼溶接部に適用困難な理由はどれか。
  a　熱影響部の結晶粒界にCr炭化物が析出するため
  b　溶接金属中にフェライトが含まれるため
  c　溶接金属の結晶粒が粗大化しているため
  d　非磁性体であるため

　次の設問【181】～【185】は電撃防止のための安全衛生について述べている。正しいものを1つ選び，マークシートの解答欄の該当箇所にマークせよ。

【181】電撃防止装置を使用していないアーク溶接の感電災害について，正しい記述はどれか。
  a　アークが発生していない時は，発生している時よりも感電の危険性は高い
  b　アークが発生していない時は，発生している時よりも感電の危険性は低い
  c　アークが発生していない時も，発生している時も感電の危険性はどちらも高い
  d　アークが発生していない時も，発生している時も感電の危険性はどちらも低い

【182】JIS C 9311「交流アーク溶接電源用電撃防止装置」で規定されている遅動時間はどれか。

a　0.06秒以下
b　1.0±0.3秒
c　2.0±0.3秒
d　3.0±0.3秒

【183】JIS C 9311「アーク溶接機用電撃防止装置」で規定されている始動時間はどれか。

a　0.01秒以下
b　0.06秒以下
c　0.10秒以下
d　0.20秒以下

【184】電撃防止装置の始動時間経過後に溶接棒ホルダと母材間に生じる電圧はどれか。

a　安全電圧
b　アーク電圧
c　短絡電圧
d　溶接機の無負荷電圧

【185】電撃防止装置で遅動時間が設定されている理由はどれか。

a　被覆アーク溶接棒と溶接棒ホルダとの絶縁性保護のため
b　溶接電源の回路保護のため
c　タック溶接などの断続作業での作業性確保のため
d　溶接棒ホルダの絶縁性確保のため

　次の設問【186】〜【190】は溶接ヒュームなどに対する安全衛生について述べている。正しいものを1つ選び，マークシートの解答欄の該当箇所にマークせよ。

【186】溶接ヒュームを吸引すると現れる急性症状はどれか。

a　肺炎
b　金属熱
c　肺結核
d　じん肺

【187】粉じん障害防止規則に定められている屋内粉じん作業場所の清掃頻度はどれか。

a　毎日の終業時
b　毎週1回
c　毎月1回
d　汚れがひどくなったら実施

【188】板厚25mmの軟鋼を切断する場合，ヒューム発生量が最も多いのはどれか。

a　ガス切断
b　プラズマ切断
c　レーザ切断
d　ウォータージェット切断

【189】溶接ヒューム中にマンガン化合物が最も含まれる材料はどれか。

a　アルミニウム

　　b　チタン
　　c　軟鋼
　　d　マグネシウム

【190】溶接ヒュームへの対策で最も効果があるのはどれか。
　　a　防じんマスクの使用
　　b　半自動溶接の採用
　　c　溶接作業場所の全体換気
　　d　電動ファン付き呼吸用保護具の使用

　　次の設問【191】〜【195】はガス溶接・切断時の安全衛生について述べている。正しいものを一つ選び，マークシートの解答欄の該当箇所にマークせよ。

【191】プロパンと空気の混合物で，爆発下限界となるプロパン濃度（容量%）はどれか。
　　a　約1%
　　b　約2%
　　c　約10%
　　d　約20%

【192】銅と反応して爆発性化合物を作る燃料ガスはどれか。
　　a　アセチレン
　　b　プロパン
　　c　天然ガス
　　d　水素

【193】空気よりも重い燃料ガスはどれか。
　　a　アセチレン
　　b　プロパン
　　c　メタン
　　d　水素

【194】アセチレンのガス容器の識別色はどれか。
　　a　赤色
　　b　褐色
　　c　ねずみ色
　　d　黒色

【195】逆火してきた火炎を止めるのに有効な器具はどれか。
　　a　混合器
　　b　流量計
　　c　安全器
　　d　圧力調整器

　　次の設問【196】〜【200】は各種光線からの保護および障害について述べている。正しいものを1つ選び，マークシートの解答欄の該当箇所にマークせよ。

【196】溶接電流200A程度のマグ溶接において，推奨されるフィルタプレートの遮光度番号はどれか。

a　9〜10
b　11〜12
c　13〜14
d　15〜16

【197】眼に照射されると電気性眼炎を起こす光線はどれか。

a　X線
b　紫外線
c　可視光線
d　赤外線

【198】アーク光の影響により現れる症状はどれか。

a　急性症状として白内障，慢性症状として電気性眼炎
b　急性症状として皮膚炎，慢性症状として白内障
c　急性症状として金属熱，慢性症状として白内障
d　急性症状として金属熱，慢性症状として皮膚炎

【199】波長10.6μmのCO_2レーザ光が目に入ると，最も起こりやすい障害はどれか。

a　結膜炎
b　緑内障
c　角膜損傷
d　網膜損傷

【200】波長1.07μmのファイバレーザ光が目に入ると，最も起こりやすい障害はどれか。

a　結膜炎
b　緑内障
c　角膜損傷
d　網膜損傷

●2020年11月1日出題　2級試験問題●

解答例

【1】a，【2】c，【3】c，【4】b，【5】c，【6】c，【7】c，【8】c，
【9】b，【10】d，【11】c，【12】d，【13】b，【14】b，【15】d，【16】c，
【17】b，【18】c，【19】b，【20】c，【21】c，【22】a，【23】b，【24】c，
【25】a，【26】b，【27】a，【28】b，【29】c，【30】c，【31】a，【32】c，
【33】c，【34】a，【35】d，【36】b，【37】b，【38】b，【39】c，【40】c，
【41】b，【42】c，【43】c，【44】a，【45】d，【46】c，【47】b，【48】d，
【49】a，【50】c，【51】b，【52】d，【53】c，【54】d，【55】a，【56】b，
【57】c，【58】b，【59】c，【60】b，【61】a，【62】b，【63】c，【64】d，

【65】b，【66】d，【67】c，【68】a，【69】a，【70】c，【71】a，【72】c，

【73】d，【74】b，【75】a，【76】c，【77】d，【78】c，【79】b，【80】a，

【81】c，【82】c，【83】b，【84】c，【85】b，【86】a，【87】d，【88】c，

【89】c，【90】a，【91】c，【92】c，【93】b，【94】d，【95】c，【96】a，

【97】b，【98】b，【99】c，【100】b，【101】a，【102】d，【103】c，【104】b，

【105】b，【106】a，【107】c，【108】d，【109】c，【110】c，【111】c，【112】b，

【113】c，【114】a，【115】b，【116】d，【117】d，【118】b，【119】a，【120】d，

【121】a，【122】c，【123】c，【124】b，【125】d，【126】a，【127】d，【128】a，

【129】d，【130】b，【131】c，【132】c，【133】d，【134】a，【135】a，【136】c，

【137】a，【138】b，【139】c，【140】b，【141】c，【142】a，【143】d，【144】b，

【145】c，【146】c，【147】b，【148】c，【149】b，【150】d，【151】d，【152】c，

【153】d，【154】b，【155】d，【156】c，【157】d，【158】a，【159】c，【160】b，

【161】b，【162】b，【163】a，【164】b，【165】a，【166】a，【167】d，【168】b，

【169】d，【170】c，【171】b，【172】b，【173】b，【174】d，【175】b，【176】d，

【177】b，【178】a，【179】b，【180】c，【181】a，【182】b，【183】b，【184】d，

【185】c，【186】b，【187】a，【188】b，【189】c，【190】d，【191】b，【192】a，

【193】b，【194】b，【195】c，【196】b，【197】b，【198】b，【199】c，【200】d

●2019年11月3日出題●

2級試験問題

　次の設問【1】〜【5】はアークの特徴について述べている。正しいものを1つ選び，マークシートの解答欄の該当箇所にマークせよ。

【1】アークを維持する電流を主に運ぶのはどれか。
　　a　陰イオン
　　b　陽イオン
　　c　中性粒子
　　d　電子

【2】アーク柱の最高温度はどれか。
　　a　1,000℃ 程度
　　b　5,000℃ 程度
　　c　10,000℃ 〜 30,000℃ 程度
　　d　500,000℃ 以上

【3】アークの性質についての正しい記述はどれか。
　　a　電子やイオンなどが混在した導電性ガスである
　　b　解離原子でできた非導電性ガスである
　　c　液体と気体の混合組成である
　　d　金属蒸気のみで構成されている

【4】アーク電圧を構成する組合せはどれか。
　　a　アーク柱電圧とアーク長とアーク電流
　　b　アーク柱電圧と陽極降下電圧と陰極降下電圧
　　c　アーク長と陽極降下電圧と陰極降下電圧
　　d　ケーブル降下電圧と陽極降下電圧と陰極降下電圧

【5】溶接電流が一定の場合，アーク電圧とアーク長の関係はどれか。
　　a　アーク電圧はアーク長が長くなると増加する
　　b　アーク電圧はアーク長が長くなると減少する
　　c　アーク電圧はアーク長が長くなると増加する場合と，減少する場合がある
　　d　アーク長が変化してもアーク電圧は変化しない

　次の設問【6】〜【10】はアークの性質について述べている。正しいものを1つ選び，マークシートの解答欄の該当箇所にマークせよ。

【6】平行な2本の導体に，同一方向の電流が通電された場合，導体間に生じる力はどれか。
　　a　引力
　　b　反発力
　　c　回転力
　　d　浮力

【7】アーク電流による電磁力の作用で，アーク柱はどのようになるか。

   a   長さが短くなる
   b   長さが長くなる
   c   断面が収縮する
   d   断面が膨張する

【8】電磁力によって発生する，電極から母材に向かう高速のガス気流はどれか。

   a   シールドガス気流
   b   プラズマ気流
   c   プラズマジェット
   d   アークブロー

【9】電極軸延長方向にアークが発生しようとする性質は何と呼ばれているか。

   a   アークの慣性
   b   アークの直進性
   c   アークの硬直性
   d   アークの磁気吹き

【10】アークが冷却されることで断面収縮する作用はどれか。

   a   アークの反力
   b   電磁的ピンチ効果
   c   熱的ピンチ効果
   d   熱対流

次の設問【11】～【15】はティグ溶接について述べている。正しいものを1つ選び，マークシートの解答欄の該当箇所にマークせよ。

【11】ティグ溶接のシールドガスはどれか。

   a   窒素
   b   酸素
   c   炭酸ガス
   d   アルゴン

【12】ティグ溶接で，通常使用されているアークスタート方式はどれか。

   a   電極先端を母材に短時間接触させ，大電流を通電してアークを起動する
   b   電極先端を母材に長時間接触させ，小電流を通電してアークを起動する
   c   高周波を利用し，電極先端と母材は非接触でアークを起動する
   d   スチールウールを母材と電極先端との間に挟んで通電してアークを起動する

【13】鋼のティグ溶接で一般に使用される電源特性はどれか。

   a   交流垂下特性
   b   交流定電圧特性
   c   直流定電流特性
   d   直流定電圧特性

【14】ステンレス鋼のティグ溶接に多用される溶接電流の極性はどれか。

   a   直流電極プラス
   b   直流電極マイナス

  c　交流
  d　交流パルス

【15】アルミニウムのティグ溶接で交流が利用される理由はどれか。
  a　深い溶込みを得るため
  b　磁気吹きを避けるため
  c　電極プラスでのクリーニング作用が得られるため
  d　電極マイナスでのクリーニング作用が得られるため

　次の設問【16】～【20】はマグ溶接について述べている。正しいものを1つ選び，マークシートの解答欄の該当箇所にマークせよ。

【16】マグ溶接で，シールドガスとして用いられるのはどれか。
  a　ヘリウム
  b　活性ガス
  c　アセチレン
  d　窒素

【17】小電流域で溶接電圧を低くした場合の溶滴移行形態はどれか。
  a　短絡移行
  b　グロビュール移行
  c　スプレー移行
  d　壁面移行

【18】マグ溶接で，溶滴の反発移行が生じる主な理由はどれか。
  a　プラズマ気流が強いため
  b　イオン気流が強いため
  c　ワイヤへの入熱量が小さいため
  d　アークによる押し上げ作用を受けるため

【19】マグ溶接で，一般に使用される電源特性はどれか。
  a　交流垂下特性
  b　交流定電圧特性
  c　直流定電流特性
  d　直流定電圧特性

【20】溶接ケーブルを5mから30mに延長した場合の対処方法はどれか。
  a　作業性を向上させるため，ケーブルを丸めて使用する
  b　ケーブルによる電圧降下を考慮し，電源の出力電圧を高くする
  c　ケーブルによる電圧降下を考慮し，電源の出力電圧を低くする
  d　電気抵抗が大きくなるので，出力電流を大きくする

　次の設問【21】～【25】は溶接電源について述べている。正しいものを1つ選び，マークシートの解答欄の該当箇所にマークせよ。

【21】被覆アーク溶接用交流電源で，出力を増減しているのはどれか。
  a　巻線

  b リアクタ
  c 可動鉄心
  d タップ

【22】直流を交流に変換する回路はどれか。
  a コンバータ
  b リアクタ
  c インバータ
  d コンデンサ

【23】直流電源の出力側に組み込まれているリアクタの役割はどれか。
  a 無負荷電圧を上げる
  b 無負荷電圧を下げる
  c 溶接電流の脈動（リップル）を増大させる
  d 溶接電流の脈動（リップル）を抑える

【24】無負荷電圧とは何か。
  a 電源への入力電圧
  b 電流が通電されていないときの電源の出力端子電圧
  c 電流が通電されているときの電源の出力端子電圧
  d 電流が通電されているときのアーク電圧

【25】インバータ制御電源の溶接変圧器の大きさについての正しい記述はどれか。
  a インバータの制御周波数にほぼ比例する
  b インバータの制御周波数にほぼ反比例する
  c インバータ制御周波数には関係しない
  d 定格電流によって，インバータ制御周波数に比例する場合と反比例する場合がある

 次の設問【26】～【30】はアーク溶接機器とその保守について述べている。正しいものを１つ選び，マークシートの解答欄の該当箇所にマークせよ。

【26】可動鉄心形交流アーク溶接電源の内部冷却方式はどれか。
  a 外気による自然冷却
  b ファンによる強制冷却
  c 圧縮空気による強制冷却
  d 冷却水による強制冷却

【27】マグ溶接電源内部の冷却方式はどれか。
  a 外気による自然冷却
  b ファンによる強制冷却
  c 圧縮空気による強制冷却
  d 冷却水による強制冷却

【28】溶接電源の内部清掃時に吹き付けるものはどれか。
  a 酸素
  b 圧縮空気
  c 窒素
  d アルゴン

【29】ワイヤ送給の重要部品であり，極端に折り曲げてはならないものはどれか。
　　a　溶接ケーブル
　　b　コンジット（ケーブル）
　　c　ノズル
　　d　ガスホース

【30】ワイヤに給電する役割をもち，消耗するとアーク不安定を生じる原因となる部品はどれか。
　　a　コンタクトチップ
　　b　ノズル
　　c　オリフィス
　　d　インシュレータ

　次の設問【31】～【35】はマグ溶接におけるワイヤ溶融について述べている。正しいものを1つ選び，マークシートの解答欄の該当箇所にマークせよ。

【31】ワイヤの溶融に寄与する熱は，アーク熱と次のどの熱か。
　　a　ワイヤ突出し部の放射熱
　　b　ワイヤ突出し部の抵抗発熱
　　c　ワイヤ突出し部の反射熱
　　d　ワイヤ突出し部の潜熱

【32】アーク熱に及ぼす溶接電流の影響について正しいのはどれか。
　　a　溶接電流に比例する
　　b　溶接電流の二乗に比例する
　　c　溶接電流に反比例する
　　d　溶接電流の二乗に反比例する

【33】ワイヤ突出し部での発熱に及ぼす溶接電流の影響について正しいのはどれか。
　　a　溶接電流に比例する
　　b　溶接電流の二乗に比例する
　　c　溶接電流に反比例する
　　d　溶接電流の二乗に反比例する

【34】ワイヤ突出し部の発熱と突出し長さの関係はどれか。
　　a　突出し長さに比例する
　　b　突出し長さの二乗に比例する
　　c　突出し長さに反比例する
　　d　突出し長さの二乗に反比例する

【35】ワイヤ突出し部の発熱とワイヤ径の関係はどれか。
　　a　ワイヤ径に比例する
　　b　ワイヤ径の二乗に比例する
　　c　ワイヤ径に反比例する
　　d　ワイヤ径の二乗に反比例する

　次の設問【36】～【40】はプラズマ切断について述べている。正しいものを1つ選び，マークシートの解答欄の該当箇所にマークせよ。

【36】アークの拘束に用いられるトーチ部品はどれか。
    a   シールドキャップ
    b   ノズル電極
    c   コンタクトチップ
    d   コレット

【37】作動ガス（プラズマガス）としてアルゴンを用いる場合に利用する熱はどれか。
    a   化学反応熱のみ
    b   アーク熱のみ
    c   アーク熱と化学反応熱
    d   摩擦熱

【38】作動ガス（プラズマガス）として空気を用いる場合に利用する熱はどれか。
    a   化学反応熱のみ
    b   アーク熱のみ
    c   アーク熱と化学反応熱
    d   摩擦熱

【39】作動ガス（プラズマガス）としてアルゴンを用いる場合に使用する電極材料はどれか。
    a   鋼
    b   タングステン
    c   ハフニウム
    d   炭素

【40】作動ガス（プラズマガス）として空気を用いる場合に使用する電極材料はどれか。
    a   鋼
    b   タングステン
    c   ハフニウム
    d   炭素

　次の設問【41】〜【45】は鉄鋼材料について述べている。正しいものを１つ選び，マークシートの解答欄の該当箇所にマークせよ。

【41】低炭素鋼の最大炭素含有量はどれか。
    a   0.2%
    b   0.3%
    c   0.4%
    d   0.5%

【42】純鉄を室温から加熱した場合の組織変化はどれか。
    a   オーステナイト　→　フェライト　→　デルタフェライト
    b   フェライト　→　デルタフェライト　→　オーステナイト
    c   フェライト　→　オーステナイト　→　デルタフェライト
    d   オーステナイト　→　マルテンサイト　→　デルタフェライト

【43】炭素鋼におけるパーライト組織はどれか。
    a   マルテンサイトとフェライトの混合組織

b　フェライトとセメンタイトの混合組織
c　オーステナイトとセメンタイトの混合組織
d　オーステナイトとフェライトの混合組織

【44】炭素含有量0.2％の鋼を1000℃から徐冷した時にA_{r3}点で析出する組織はどれか。

a　オーステナイト
b　マルテンサイト
c　パーライト
d　フェライト

【45】炭素含有量0.2％の鋼を1000℃から急冷した時の室温で観察される組織はどれか。

a　フェライト
b　パーライト
c　オーステナイト
d　マルテンサイト

　次の設問【46】～【50】は鋼の熱処理について述べている。正しいものを1つ選び、マークシートの解答欄の該当箇所にマークせよ。

【46】オーステナイト温度域から炉中で徐冷する熱処理はどれか。

a　焼ならし
b　焼なまし
c　焼入れ
d　焼戻し

【47】低炭素鋼の焼なまし組織はどれか。

a　オーステナイトとフェライト
b　マルテンサイトとオーステナイト
c　パーライトとオーステナイト
d　フェライトとパーライト

【48】粗大化した組織を微細化するために行われる熱処理はどれか。

a　A_{c3}温度より30～50℃高い温度に加熱した後、大気中で空冷する
b　A_{c3}温度より30～50℃高い温度に加熱した後、急冷する
c　A_{c3}温度より300～500℃高い温度に加熱した後、大気中で空冷する
d　A_{c3}温度より300～500℃高い温度に加熱した後、急冷する

【49】急冷後、じん性を向上させる目的で、600℃程度の温度に加熱した後、空冷する処理はどれか。

a　焼なまし
b　焼入れ
c　焼ならし
d　焼戻し

【50】調質高張力鋼の製造で行われる熱処理はどれか。

a　焼ならし
b　焼入れ＋焼戻し
c　焼なまし

　　d　焼ならし＋焼戻し

　次の設問【51】〜【55】はJIS鋼材規格について述べている。正しいものを1つ選び，マークシートの解答欄の該当箇所にマークせよ。

【51】SM490で，SMが表すものはどれか。
　　a　一般構造用圧延鋼材
　　b　溶接構造用圧延鋼材
　　c　建築構造用圧延鋼材
　　d　機械構造用炭素鋼

【52】SS400で規定されている元素はどれか。
　　a　C
　　b　Si
　　c　Mn
　　d　S

【53】SM490A，SM490B，SM490Cで規定が異なるのはどれか。
　　a　降伏点または耐力
　　b　シャルピー吸収エネルギー
　　c　引張強さ
　　d　板厚方向の絞り

【54】SS材及びSM材には規定がなく，SN材のB及びC種に規定されているのはどれか。
　　a　引張強さ
　　b　シャルピー吸収エネルギー
　　c　降伏点または耐力
　　d　炭素当量

【55】降伏比の上限が規定されている鋼材はどれか。
　　a　SM490A
　　b　SM490B
　　c　SM490C
　　d　SN490B

　次の設問【56】〜【60】は各種鋼材について述べている。正しいものを1つ選び，マークシートの解答欄の該当箇所にマークせよ。

【56】TMCP鋼とは，どのような鋼か。
　　a　圧延後，焼入れ焼戻しの熱処理によって製造された鋼
　　b　圧延後，オーステナイト温度域から空冷する熱処理によって製造された鋼
　　c　制御圧延を行い，加速冷却して製造された鋼
　　d　オーステナイト温度域から急冷した後，二相温度域に再加熱・長時間保持して製造された鋼

【57】TMCP鋼の溶接施工での利点はどれか。
　　a　溶接棒の乾燥不要
　　b　高速溶接が可能

c　予熱温度の低減が可能
d　溶接変形が少ない

【58】低温のじん性を向上させる元素はどれか。

a　Cr
b　Ni
c　Si
d　Mo

【59】高温用鋼で重視される特性はどれか。

a　じん性
b　座屈強さ
c　クリープ強さ
d　破断伸び

【60】高温用鋼で耐酸化性を向上させる効果が大きい元素はどれか。

a　MoとCr
b　MnとSi
c　NiとB
d　CuとNb

　次の設問【61】〜【65】は炭素鋼の溶接部のミクロ組織と特性について述べている。正しいものを１つ選び，マークシートの解答欄の該当箇所にマークせよ。

【61】じん性が最も良好な領域はどれか。

a　粗粒域
b　混粒域
c　細粒域
d　部分変態域（二相加熱域）

【62】小入熱で溶接した場合に生じやすい現象はどれか。

a　熱影響部の硬化
b　結晶粒の粗大化
c　溶接金属の酸化
d　残留オーステナイトの生成

【63】過大な入熱で溶接した場合に生じやすい現象はどれか。

a　熱影響部の硬化
b　結晶粒の粗大化
c　マルテンサイトの生成
d　残留オーステナイトの生成

【64】高張力鋼の熱影響部において硬化原因となる組織はどれか。

a　フェライト
b　マルテンサイト
c　オーステナイト
d　セメンタイト

【65】溶接熱影響部の組織及び硬さを推定する図はどれか。

 a　シェフラ組織図
 b　CCT図
 c　ディロング組織図
 d　TTT図

　次の設問【66】～【70】は鋼の溶接割れについて述べている。正しいものを1つ選び，マークシートの解答欄の該当箇所にマークせよ。

【66】低温割れの原因となるのはどれか。
 a　酸素
 b　窒素
 c　アルゴン
 d　水素

【67】低温割れの防止策として有効なものはどれか。
 a　溶接入熱の低減
 b　予熱
 c　溶接割れ感受性組成（P_{CM}）が大きい鋼材の使用
 d　イルミナイト系溶接棒の使用

【68】凝固割れの防止策として有効なものはどれか。
 a　不純物元素（P及びS）量の低減
 b　水素量の低減
 c　継手の拘束
 d　溶接後熱処理（PWHT）

【69】熱影響部において粒界に存在する低融点化合物が局部溶融することで生じる割れはどれか。
 a　凝固割れ
 b　液化割れ
 c　延性低下割れ
 d　低温割れ

【70】溶接後熱処理などの熱処理を施した際，余盛止端部で生じる割れはどれか。
 a　凝固割れ
 b　ラメラテア
 c　再熱割れ
 d　遅れ割れ

　次の設問【71】～【75】は溶接材料について述べている。正しいものを1つ選び，マークシートの解答欄の該当箇所にマークせよ。

【71】被覆アーク溶接棒の被覆剤の役割はどれか。
 a　ヒュームの発生を抑制する
 b　溶融金属を大気から保護する
 c　水素ガスの拡散を容易にする
 d　溶接変形を少なくする

【72】低水素系被覆アーク溶接棒の特徴はどれか。
　a　溶込みを増加させる
　b　耐割れ性を向上させる
　c　スラグ剥離性を改善する
　d　耐酸化性を向上させる

【73】イルミナイト系溶接棒の特徴はどれか。
　a　溶込みが浅く，薄板溶接用として優れている
　b　300～400℃に乾燥しても作業性が変わらない
　c　溶接部の水素量が少ない
　d　作業性がよく，ビード外観が優れている

【74】サブマージアーク溶接用ボンドフラックスの特徴はどれか。
　a　耐吸湿性が優れている
　b　使用前の乾燥は不要である
　c　合金元素の添加が容易である
　d　溶接変形を少なくする

【75】サブマージアーク溶接用溶融フラックスの特徴はどれか。
　a　耐吸湿性が優れている
　b　水に濡れても使用できる
　c　合金元素の添加が容易である
　d　溶接変形を少なくする

　次の設問【76】～【80】はマグ溶接について述べている。正しいものを1つ選び，マークシートの解答欄の該当箇所にマークせよ。

【76】マグ溶接が被覆アーク溶接に比べて，一般に優れている特性はどれか。
　a　高温割れの防止
　b　再熱割れの防止
　c　低温割れの防止
　d　アンダカットの防止

【77】マグ溶接用ソリッドワイヤで，被覆アーク溶接棒の心線と比較して，添加量が多い元素はどれか。
　a　SiとMn
　b　SiとNi
　c　MnとS
　d　PとS

【78】シールドガスに100%CO_2を用いるマグ溶接用ソリッドワイヤはどれか。
　a　YGW11
　b　YGW15
　c　YGW17
　d　YGW19

【79】100%炭酸ガス用の溶接ワイヤを用いて，80%アルゴン＋20%炭酸ガスの混合ガス中で溶接した場合，どのようなことが起こるか。

a　溶接金属中の Si，Mn が少なく，強度が低下する
b　溶接金属中の Si，Mn が少なく，強度が増加する
c　溶接金属中の Si，Mn が多く，強度が低下する
d　溶接金属中の Si，Mn が多く，強度が増加する

【80】 スラグ系フラックス入りワイヤを用いたとき，ソリッドワイヤに比べて少なくなる
　　　のはどれか。
a　拡散性水素
b　スパッタ
c　ブローホール
d　溶接割れ

　次の設問【81】〜【85】はステンレス鋼について述べている。正しいものを 1 つ選
び，マークシートの解答欄の該当箇所にマークせよ。

【81】 オーステナイト系ステンレス鋼はどれか。
a　SUS410
b　SUS430
c　SUS316
d　SUS329J3L

【82】 オーステナイト系ステンレス鋼に発生する凝固割れの防止策はどれか。
a　拡散性水素量の低減
b　予熱の実施
c　デルタフェライトを晶出する溶接材料の使用
d　600〜650℃での溶接後熱処理の実施

【83】 フェライト系ステンレス鋼溶接部の組織が粗大化することによって最も低下する特
　　　性はどれか。
a　硬さ
b　じん性
c　耐食性
d　引張強さ

【84】 オーステナイト系ステンレス鋼の溶接熱影響部に生じる鋭敏化の主原因はどれか。
a　不純物元素による低融点液膜の形成
b　クロム炭化物の粒界析出
c　クロム酸化物の形成
d　シグマ相の析出

【85】 ステンレス鋼溶接金属のフェライト量を予測するときに用いるのはどれか。
a　CCT 図
b　ネルソン線図
c　シェフラ組織図
d　TTT 図

　次の設問【86】〜【90】は鉄鋼材料の破壊の特徴について述べている。正しいもの
を 1 つ選び，マークシートの解答欄の該当箇所にマークせよ。

【86】ぜい性破面に見られる特徴はどれか。
 a　ビーチマーク
 b　シェブロンパターン
 c　繊維状破面
 d　ピット

【87】疲労破面に見られる特徴はどれか。
 a　ビーチマーク
 b　シェブロンパターン
 c　繊維状破面
 d　ピット

【88】延性破面に見られる特徴はどれか。
 a　ビーチマーク
 b　シェブロンパターン
 c　繊維状破面
 d　ピット

【89】腐食面に見られる特徴はどれか。
 a　ビーチマーク
 b　シェブロンパターン
 c　繊維状破面
 d　ピット

【90】ぜい性破壊の伝播速度の特徴はどれか。
 a　疲労破壊や延性破壊よりも速い
 b　疲労破壊よりは速いが延性破壊よりも遅い
 c　疲労破壊よりは遅いが延性破壊よりも速い
 d　疲労破壊や延性破壊よりも遅い

　次の設問【91】～【95】は溶接継手の強さについて述べている。正しいものを１つ選び，マークシートの解答欄の該当箇所にマークせよ。

【91】溶接継手の引張強さは，残留応力の影響をどのように受けるか。
 a　圧縮残留応力の影響で増加する
 b　引張残留応力の影響で増加する
 c　引張残留応力の影響で低下する
 d　残留応力の影響を受けない

【92】溶接継手（余盛付き）の疲れ強さは，機械的性質とどのように関係するか。
 a　材料の降伏応力に比例して大きくなる
 b　材料の引張強さに比例して大きくなる
 c　材料の破断伸びに比例して大きくなる
 d　材料の静的強さ（降伏応力や引張強さ）にほぼ無関係である

【93】溶接継手の疲れ強さ（高サイクル疲労）は，残留応力の影響をどのように受けるか。
 a　圧縮残留応力の影響で低下する
 b　引張残留応力の影響で低下する

c　引張残留応力の影響で増加する
d　残留応力の影響を受けない

【94】溶接継手のぜい性破壊強さは，残留応力の影響をどのように受けるか。
a　圧縮残留応力の影響で低下する
b　引張残留応力の影響で低下する
c　引張残留応力の影響で増加する
d　残留応力の影響を受けない

【95】溶接継手のぜい性破壊強さを確保するための材料選択はどれか。
a　引張強さの大きな材料を使用する
b　シャルピー吸収エネルギーの大きな材料を使用する
c　破面遷移温度の高い材料を使用する
d　炭素当量の高い材料を使用する

　　次の設問【96】～【100】は溶接変形と残留応力について述べている。正しいもの
を1つ選び，マークシートの解答欄の該当箇所にマークせよ。

【96】平板突合せ溶接継手では，最大残留応力はどの方向に生じるか。
a　溶接線方向
b　溶接線直角方向
c　溶接線から45度傾いた方向
d　板厚方向

【97】溶接残留応力の最大値は材料の降伏応力の影響をどのように受けるか。
a　降伏応力が大きいと小さくなる
b　降伏応力が大きいと大きくなる
c　降伏応力が小さいと大きくなる
d　降伏応力の影響を受けない

【98】溶接残留応力の最大値は溶接入熱の影響をどのように受けるか。
a　溶接入熱が増加すると小さくなる
b　溶接入熱が増加すると大きくなる
c　ある値の溶接入熱で最大となる
d　溶接入熱の影響を受けない

【99】横収縮は溶接入熱の影響をどのように受けるか。
a　溶接入熱が増加すると小さくなる
b　溶接入熱が増加すると大きくなる
c　ある値の溶接入熱で最大となる
d　溶接入熱の影響を受けない

【100】角変形は溶接入熱の影響をどのように受けるか。
a　溶接入熱が増加すると小さくなる
b　溶接入熱が増加すると大きくなる
c　ある値の溶接入熱で最大となる
d　溶接入熱の影響を受けない

　次の設問【101】～【105】はJIS Z 3021溶接記号について述べている。正しいものを1つ選び，マークシートの解答欄の該当箇所にマークせよ。

【101】図中の溶接記号「┌ 10 ╱ ┐」は何を表しているか。
  a　鋼管の外側から開先深さ10mmのV形開先をとる
  b　鋼管の内側から開先深さ10mmのV形開先をとる
  c　鋼管の外側から溶接深さ10mmのV形開先をとる
  d　鋼管の内側から溶接深さ10mmのV形開先をとる

【102】図中の溶接記号「◠」は何を表しているか。
  a　裏波溶接を行う
  b　裏当て金をつける
  c　裏溶接を行う
  d　裏はつりを行う

【103】図中の溶接記号「G」は何を表しているか。
  a　余盛を切削して平らに仕上げる
  b　余盛をグラインダで平らに仕上げる
  c　余盛を研磨して平らに仕上げる
  d　余盛をチッピング（はつり）で平らに仕上げる

【104】図中の溶接記号「►」は何を表しているか。
  a　自動溶接
  b　全周溶接
  c　現場溶接
  d　工場溶接

【105】図中の溶接記号「RT」は何を表しているか。
  a　鋼管内部線源の放射線透過試験
  b　鋼管外部線源の放射線透過試験
  c　鋼管内部からの浸透探傷試験
  d　鋼管外部からの浸透探傷試験

　次の設問【106】～【110】は両面あて金すみ肉溶接継手に引張荷重Pが作用する場合の許容最大荷重を算定する手順を記している。正しいものを1つ選び，マークシートの解答欄の該当箇所にマークせよ。ただし，許容引張応力は140N/mm²，許容せん断応力は80N/mm²で，$1/\sqrt{2}$=0.7とする。

【106】すみ肉溶接部ののど厚は何mmか。
  a　5mm
  b　7mm
  c　10mm
  d　14mm

すみ肉溶接（サイズ10mm）　　すみ肉溶接（サイズ10mm）

【107】1つのすみ肉溶接の有効溶接長さは100mmで，荷重は表裏一対のすみ肉溶接継手

により伝達される。強度計算に用いる全有効溶接長さは何mmか。

a   100mm
b   200mm
c   400mm
d   800mm

【108】強度計算に用いる有効のど断面積は何mm²か。

a   1,400mm²
b   2,000mm²
c   2,800mm²
d   4,000mm²

【109】この継手の許容応力は何N/mm²か。

a   80N/mm²
b   110N/mm²
c   140N/mm²
d   220N/mm²

【110】許容最大荷重はいくらか。

a   112kN
b   196kN
c   224kN
d   392kN

　次の設問【111】～【115】は溶接継手設計について述べている。正しいものを1つ選び，マークシートの解答欄の該当箇所にマークせよ。

【111】図の板厚の異なる突合せ溶接継手の，強度計算に用いるのど厚はどれか。

a $t_2 - t_1$
b $(t_2+t_1)/2$
c t_2
d t_1。

$t_1 < t_2$

【112】図の部分溶込み突合せ溶接継手の，強度計算に用いるのど厚はどれか。

a $l_1+l_2+l_3+l_4+l_5+l_6+l_7$
b $l_1+l_2+l_3+l_5+l_6+l_7$
c $l_2+l_3+l_5+l_6$
d l_2+l_6

【113】不等脚すみ肉溶接継手の短い方のサイズをS_1，長い方のサイズをS_2としたとき，強度計算に用いるのど厚はどれか。

a $S_1 \times (1/\sqrt{2})$
b $S_2 \times (1/\sqrt{2})$
c $(S_2 - S_1) \times (1/\sqrt{2})$
d $(S_1+S_2)/2 \times (1/\sqrt{2})$

【114】安全率の定義はどれか。

　　a　基準強さ/許容応力
　　b　許容応力/基準強さ
　　c　基準強さ/引張強さ
　　d　引張強さ/基準強さ

【115】鋼構造設計規準では，せん断荷重に対する安全率は引張荷重に対する安全率の何倍か。
　　a　$1/\sqrt{2}$ 倍
　　b　$1/2$ 倍
　　c　$1/\sqrt{3}$ 倍
　　d　1倍

　　次の設問 【116】〜【120】は品質及び品質管理について述べている。正しいものを1つ選び，マークシートの解答欄の該当箇所にマークせよ。

【116】品質管理活動はどれか。
　　a　目標とする品質を設定する活動
　　b　製品の性能を向上させる活動
　　c　顧客の要求を調査する活動
　　d　要求品質を満たすための活動

【117】テクニカルレビュー（デザインレビュー），溶接施工，非破壊検査結果などを記録した文書はどれか。
　　a　品質マニュアル
　　b　品質記録
　　c　溶接施工要領書
　　d　検査要領書

【118】ISO3834（JIS Z 3400）は何を定めた規格か。
　　a　品質マネジメントシステム
　　b　溶接管理－任務及び責任
　　c　溶接の品質要求事項（金属材料の融接に関する品質要求事項）
　　d　金属材料の溶接施工要領及びその承認－一般原則

【119】ISO14731（JIS Z 3410）は何を定めた規格か。
　　a　品質マネジメントシステム
　　b　溶接管理－任務及び責任
　　c　溶接の品質要求事項（金属材料の融接に関する品質要求事項）
　　d　金属材料の溶接施工要領及びその承認－一般原則

【120】溶接の妥当性再確認に関するものはどれか。
　　a　非破壊試験成績書の保管
　　b　作業指示書の作成
　　c　製造時溶接試験の実施
　　d　溶接技能者の資格認証

　　次の設問 【121】〜【125】は品質及び生産性について述べている。正しいものを1つ選び，マークシートの解答欄の該当箇所にマークせよ。

【121】設計部門が決める品質はどれか。

a　設計の品質，及び，できばえの品質
b　設計の品質，及び，ねらいの品質
c　製造の品質，及び，できばえの品質
d　製造の品質，及び，ねらいの品質

【122】設計図書に最も関係するのはどれか。

a　トレーサビリティ
b　製造のばらつき
c　設備の承認
d　デザインレビュー

【123】工程能力はどれか。

a　量的能力
b　質的能力
c　販売能力
d　購入能力

【124】生産能力は工場能力を何％稼動させた時のものか。

a　50％
b　70％
c　80％
d　100％

【125】品質管理における欧米のアプローチの特徴はどれか。

a　ボトムアップ
b　根回し
c　供給者重視
d　契約

　次の設問【126】～【130】は溶接施工について述べている。正しいものを１つ選び，マークシートの解答欄の該当箇所にマークせよ。

【126】pWPSはどれか。
a　承認前の溶接施工要領書
b　承認された溶接施工要領書
c　承認前の溶接施工法承認記録
d　承認された溶接施工法承認記録

【127】WPQT（WPT）はどれか。
a　溶接施工法試験
b　溶接施工法承認記録
c　溶接施工要領書
d　溶接検査要領書

【128】WPAR（WPQR）はどれか。
a　溶接施工法試験
b　溶接施工法承認記録
c　溶接施工要領書

d　溶接検査要領書

【129】標準化された試験材の溶接及び試験による溶接施工要領の承認方法はどれか。

a　製造前溶接試験による承認

b　溶接施工法試験による承認

c　承認された溶接材料の使用による承認

d　過去の溶接実績による承認

【130】マグ溶接で溶接施工法承認を取得した場合，承認される溶接法はどれか。

a　マグ溶接と被覆アーク溶接

b　マグ溶接とミグ溶接

c　マグ溶接とティグ溶接

d　マグ溶接のみ

　次の設問【131】～【135】は溶接コスト及び生産性について述べている。正しいものを1つ選び，マークシートの解答欄の該当箇所にマークせよ。

【131】溶接コストの構成で正しいのはどれか。

a　溶接材料費と溶接設備使用費

b　溶接労務費と溶接設備使用費

c　溶接労務費と溶接材料費

d　溶接労務費，溶接材料費及び溶接設備使用費

【132】溶接コストの低減に最も役立つのはどれか。

a　開先精度の緩和

b　被覆アーク溶接の適用拡大

c　大ブロック化

d　上向溶接の適用拡大

【133】溶接コストに最も大きく関わるのはどれか。

a　溶接機の許容使用率

b　溶接作業環境

c　溶接施工方法

d　溶接機台数

【134】溶接の生産性を定義する投入（インプット）に該当するのはどれか。

a　溶接機台数

b　生産量

c　溶接長

d　製品個数

【135】溶接の生産性を定義する産出（アウトプット）に該当するのはどれか。

a　溶接機台数

b　溶接材料

c　溶接長

d　溶接技能者数

　次の設問【136】～【140】は加工について述べている。正しいものを1つ選び，マークシートの解答欄の該当箇所にマークせよ。

【136】開先精度管理に含まれないものはどれか。
　　a　目違い
　　b　ルート面
　　c　角変形
　　d　開先角度

【137】曲げ加工に用いない方法はどれか。
　　a　プレス
　　b　ローラ
　　c　ガスバーナ
　　d　ウォータジェット

【138】冷間加工で注意すべきことはどれか。
　　a　じん性の劣化
　　b　静的強度の低下
　　c　結晶粒の粗大化
　　d　高温割れ感受性の増大

【139】780N/mm²級高張力鋼の場合，冷間加工度の限界目安はどれか。
　　a　1%
　　b　5%
　　c　10%
　　d　15%

【140】焼戻し温度以下で熱間加工すべき鋼材はどれか。
　　a　軟鋼
　　b　低炭素鋼
　　c　非調質高張力鋼
　　d　調質高張力鋼

　次の設問【141】～【145】は低水素系被覆アーク溶接棒の管理について述べている。正しいものを1つ選び，マークシートの解答欄の該当箇所にマークせよ。

【141】溶接棒を乾燥させる主目的はどれか。
　　a　低温割れの防止
　　b　高温割れの防止
　　c　溶込不良の防止
　　d　ヒュームの低減

【142】溶接棒の乾燥温度はどれか。
　　a　50～100℃
　　b　150～200℃
　　c　300～400℃
　　d　500～600℃

【143】溶接棒の乾燥時間はどれか。
　　a　5～10分
　　b　30～60分

 c 100〜150分
 d 200〜300分

【144】溶接棒の乾燥後に使用する保管容器の標準的な温度はどれか。
 a 50〜100℃
 b 100〜150℃
 c 150〜250℃
 d 250〜350℃

【145】高張力鋼用溶接棒の大気中での標準的な許容放置時間はどれか。
 a 2時間
 b 5時間
 c 10時間
 d 20時間

 次の設問【146】〜【150】は予熱，パス間温度及び直後熱について述べている。正しいものを1つ選び，マークシートの解答欄の該当箇所にマークせよ。

【146】予熱の効果はどれか。
 a スラグはく離性の改善
 b 組織の微細化
 c 鋭敏化の防止
 d 拡散性水素の放出促進

【147】予熱温度を高くすると熱影響部の最高硬さはどうなるか。
 a 低くなる
 b 変わらない
 c 高くなる
 d 低くなる場合と高くなる場合がある

【148】多層溶接で，溶接部のじん性低下を抑制する対策はどれか。
 a 溶接入熱を増やしてパス数を減らす
 b 予熱温度を上げる
 c 直後熱を行う
 d パス間温度の上限を規定する

【149】直後熱の目的はどれか。
 a じん性を向上させる
 b 残留応力を緩和させる
 c 低温割れを防止する
 d 強度を向上させる

【150】直後熱の一般的な温度はどれか。
 a 50〜100℃
 b 100〜150℃
 c 200〜350℃
 d 550〜650℃

次の設問【151】～【155】はサブマージアーク溶接について述べている。正しいものを1つ選び，マークシートの解答欄の該当箇所にマークせよ。

【151】太径ワイヤを用いたサブマージアーク溶接の特長はどれか。
　　a　全姿勢溶接に適用できる
　　b　低温割れが生じにくい
　　c　大電流が使用できる
　　d　ロボット溶接に適している

【152】溶接入熱が大きくなると熱影響部に生じやすい特性はどれか。
　　a　細粒化や硬化
　　b　細粒化やぜい化
　　c　粗粒化や硬化
　　d　粗粒化やぜい化

【153】高速溶接に適したフラックスはどれか。
　　a　ガラス繊維フラックス
　　b　固形フラックス
　　c　溶融フラックス
　　d　ボンドフラックス

【154】粉末状原料を造粒，焼成，粒度調整したフラックスはどれか。
　　a　ガラス繊維フラックス
　　b　固形フラックス
　　c　溶融フラックス
　　d　ボンドフラックス

【155】母材の希釈が最も大きい溶接はどれか。
　　a　Ⅰ形開先片面一層溶接
　　b　Ⅴ形開先多層溶接
　　c　Ⅹ形開先多層溶接
　　d　帯状電極肉盛溶接

次の設問【156】～【160】は溶接変形の低減について述べている。正しいものを1つ選び，マークシートの解答欄の該当箇所にマークせよ。

【156】溶接変形低減に効果のある溶着法はどれか。
　　a　後退法
　　b　ブロック法
　　c　飛石法
　　d　カスケード法

【157】溶接部の角変形を小さくする方法はどれか。
　　a　カスケード法
　　b　バタリング法
　　c　飛石法
　　d　逆ひずみ法

【158】突合せ継手で横収縮を低減させる方法はどれか。

a　開先断面積を小さくする
b　開先角度を大きくする
c　目違い修正ピースを用いる
d　スカラップを用いる

【159】ストロングバックで低減できる溶接変形はどれか。

a　座屈変形
b　縦収縮
c　角変形
d　縦曲り変形

【160】溶接変形の矯正に用いられる方法はどれか。

a　PWHT（溶接後熱処理）
b　線状加熱
c　テンパビード法
d　直後熱

　次の設問【161】～【165】はラメラテア及び再熱割れについて述べている。正しいものを1つ選び，マークシートの解答欄の該当箇所にマークせよ。

【161】ラメラテアを生じさせる応力はどれか。

a　鋼板圧延方向の引張応力
b　鋼板圧延方向の圧縮応力
c　鋼板厚さ方向の引張応力
d　鋼板厚さ方向の圧縮応力

【162】ラメラテアが最も生じやすい継手はどれか。

a　一層T継手
b　多層十字継手
c　薄板の突合せ継手
d　厚板の突合せ継手

【163】ラメラテアの起点となるのはどれか。

a　非金属介在物
b　アンダカット
c　ブローホール
d　ピット

【164】再熱割れの発生位置はどこか。

a　母材原質域
b　細粒域
c　混粒域
d　粗粒域

【165】再熱割れの防止策はどれか。

a　大入熱で溶接する
b　小入熱で溶接する
c　PWHTを行う

    d   CrやMoを含む母材を選択する

　次の設問【166】〜【170】は溶接継手の非破壊試験方法について述べている。正しいものを１つ選び，マークシートの解答欄の該当箇所にマークせよ。

【166】ブローホールを検出するのに適した試験方法はどれか。
　　a　磁粉探傷試験
　　b　超音波探傷試験
　　c　浸透探傷試験
　　d　放射線透過試験

【167】融合不良を検出するのに適した試験方法はどれか。
　　a　磁粉探傷試験
　　b　超音波探傷試験
　　c　浸透探傷試験
　　d　放射線透過試験

【168】柱・梁溶接部の溶込不良を検出するのに適した試験方法はどれか。
　　a　磁粉探傷試験
　　b　超音波探傷試験
　　c　浸透探傷試験
　　d　放射線透過試験

【169】高張力鋼のジグ跡の割れを検出するのに適した試験方法はどれか。
　　a　外観試験
　　b　超音波探傷試験
　　c　磁粉探傷試験
　　d　放射線透過試験

【170】アルミニウム合金溶接部の表面割れを検出するのに適した試験方法はどれか。
　　a　超音波探傷試験
　　b　浸透探傷試験
　　c　磁粉探傷試験
　　d　放射線透過試験

　次の設問【171】〜【175】は溶接内部の非破壊試験方法について述べている。正しいものを１つ選び，マークシートの解答欄の該当箇所にマークせよ。

【171】放射線透過試験における透過度計の使用目的はどれか。
　　a　放射線エネルギーの強弱の確認
　　b　検出できるきずの位置の確認
　　c　透過写真の像質が規定を満足しているかの確認
　　d　透過写真の濃度の確認

【172】放射線透過試験で検出困難な欠陥はどれか。
　　a　ラメラテア
　　b　ブローホール
　　c　スラグ巻込み

d　溶込不良

【173】余盛のある突合せ溶接部の超音波探傷試験で一般に用いられる手法はどれか。
a　垂直探傷法
b　斜角探傷法
c　水浸探傷法
d　屈折探傷法

【174】超音波探傷試験の適用が困難な溶接部はどれか。
a　低炭素鋼溶接部
b　アルミニウム合金溶接部
c　オーステナイト系ステンレス鋼溶接部
d　高張力鋼溶接部

【175】放射線透過試験が超音波探傷試験より優れている点はどれか。
a　きずの種類判別ができる
b　きずの深さ位置が測定できる
c　試験体の曲率の影響を受けない
d　厚板の検査に適している

　次の設問【176】〜【180】は溶接部表面の非破壊試験について述べている。正しいものを1つ選び，マークシートの解答欄の該当箇所にマークせよ。

【176】溶接前の外観試験の対象はどれか。
a　ラメラテア
b　角変形
c　横収縮
d　目違い

【177】磁粉探傷試験において試験体に直接電流を流す磁化方法はどれか。
a　電流貫通法
b　極間法
c　プロッド法
d　コイル法

【178】磁粉探傷試験に関する記述で正しいのはどれか。
a　チタン合金の検査に適用できる
b　高張力鋼の検査ではプロッド法が適用される
c　磁束の方向に直角なきずが検出できる
d　微細な欠陥の検出には非蛍光乾式磁粉が用いられる

【179】浸透探傷試験に関する記述で正しいのはどれか。
a　試験材料の温度の影響を受けない
b　表面粗さの影響を受けない
c　強磁性体のみに適用できる
d　非鉄金属にも適用できる

【180】速乾式現像法による溶剤除去性浸透探傷試験の手順はどれか。
a　前処理→浸透処理→除去処理→現像処理→観察

b　前処理→浸透処理→現像処理→除去処理→観察
c　前処理→除去処理→浸透処理→現像処理→観察
d　前処理→現像処理→浸透処理→除去処理→観察

次の設問【181】〜【185】は感電に関する安全衛生について述べている。正しいものを1つ選び，マークシートの解答欄の該当箇所にマークせよ。

【181】JIS C 9311「交流アーク溶接電源用電撃防止装置」で規定されている始動時間の意味はどれか。
a　溶接棒が短絡してから溶接電流が流れるまでの時間
b　溶接棒が短絡して短絡電圧になるまでの時間
c　溶接棒が短絡してから無負荷電圧が発生するまでの時間
d　溶接棒が短絡してから電撃防止装置が作動するまでの時間

【182】JIS C 9311で規定されている始動時間はどれか。
a　0.01秒以下
b　0.06秒以下
c　0.10秒以下
d　0.20秒以下

【183】JIS C 9311で規定されている遅動時間の意味はどれか。
a　消弧後，次の溶接ができるようになるまでの時間
b　溶接棒が短絡した後，溶接が開始できるまでの時間
c　消弧後，無負荷電圧が安全電圧に変わるまでの時間
d　消弧後，溶接機の温度が溶接開始時の温度までに下がるまでの時間

【184】感電に関する事項で正しいのはどれか。
a　被覆アーク溶接棒は心線が被覆されているので，感電の危険性がない
b　雨天であっても電撃防止装置を用いれば，感電の危険性はない
c　絶縁形溶接棒ホルダを用いれば，電撃防止装置を用いなくてよい
d　交流は直流よりも感電に対する危険度は高い

【185】感電事故が起きた場合に直ちに行う対処方法はどれか。
a　被災者を抱えて作業場から移動させる
b　溶接電源・配電盤のスイッチをオフにする
c　周辺溶接作業者が感電していないかどうかの確認を行う
d　漏電していないかどうかの点検を行う

次の設問【186】〜【190】は粉じんに対する安全衛生について述べている。正しいものを1つ選び，マークシートの解答欄の該当箇所にマークせよ。

【186】粉じん障害防止規則で定められている粉じん作業に該当する溶接法はどれか。
a　電子ビーム溶接
b　ガス溶接
c　レーザ溶接
d　マグ溶接

【187】粉じん障害防止規則で，作業場以外に設けることを規定しているのはどれか。

　　a　休憩設備
　　b　喫煙設備
　　c　運動設備
　　d　更衣設備

【188】溶接ヒュームを多量に吸い込むと発生する急性症状はどれか。
　　a　電気性眼炎
　　b　金属熱
　　c　じん肺
　　d　肺結核

【189】溶接ヒュームへの対策で最も効果があるのはどれか。
　　a　防塵マスクの使用
　　b　半自動溶接の採用
　　c　溶接作業場所の全体換気
　　d　電動ファン付き呼吸用保護具の使用

【190】粉じん作業を行う屋内作業場の清掃で正しいものはどれか。
　　a　毎日の始業時に実施
　　b　毎日の終業時に実施
　　c　1週間に1回実施
　　d　2週間に1回実施

　　次の設問【191】～【195】はガス溶接・切断時の安全・衛生について述べている。
正しいものを一つ選び，マークシートの解答欄の該当箇所にマークせよ。

【191】ガス切断用燃料ガス集合装置の配管系に装着する安全器の役割は何か。
　　a　火災防止
　　b　火傷防止
　　c　逆火防止
　　d　ガス漏れ防止

【192】ガス切断装置で，逆火が起こりやすい条件はどれか。
　　a　ガス噴出速度＜混合ガスの燃焼速度
　　b　ガス噴出速度＝混合ガスの燃焼速度
　　c　ガス噴出速度＞混合ガスの燃焼速度
　　d　ガス噴出速度と混合ガスの燃焼速度には無関係

【193】容器保安規則及びJISで定める酸素用ガス容器とそのゴムホースの識別色はどれか。
　　a　容器は緑色，ホースは緑色
　　b　容器は緑色，ホースは青色
　　c　容器は黒色，ホースは緑色
　　d　容器は黒色，ホースは青色

【194】各切断法の標準条件で切断する場合，発生するヒューム量が最も多いのはどれか。
　　a　ガス切断
　　b　プラズマ切断
　　c　レーザ切断

   d　ウォータジェット切断

【195】プラズマ切断作業において，聴覚に最も影響を与える騒音はどれか。
   a　低音域の騒音
   b　中音域の騒音
   c　高音域の騒音
   d　全音域の騒音

　次の設問【196】〜【200】は光線などについて述べている。正しいものを1つ選び，マークシートの解答欄の該当箇所にマークせよ。

【196】ファイバーレーザ光が目に入ると最も起こりやすい障害はどれか。
   a　緑内障
   b　電気性眼炎
   c　角膜障害
   d　網膜障害

【197】CO_2レーザ光が目に入ると最も起こりやすい障害はどれか。
   a　緑内障
   b　電気性眼炎
   c　角膜障害
   d　網膜障害

【198】溶接電流が75〜200Aの被覆アーク溶接で，望ましいフィルタプレートの遮光番号はどれか。
   a　5〜6
   b　7〜8
   c　9〜11
   d　13〜14

【199】溶接アーク及びガス炎から発生しないのはどれか。
   a　赤外線
   b　紫外線
   c　可視光線
   d　X線

【200】急性電気性眼炎を引き起こすものはどれか。
   a　赤外線
   b　紫外線
   c　可視光線
   d　X線

●2019年11月３日出題　２級試験問題●

解答例

【1】d，【2】c，【3】a，【4】b，【5】a，【6】a，【7】c，【8】b，

【9】c，【10】c，【11】d，【12】c，【13】c，【14】b，【15】c，【16】b，

【17】a，【18】d，【19】d，【20】b，【21】c，【22】c，【23】d，【24】b，

【25】b，【26】a，【27】b，【28】b，【29】b，【30】a，【31】b，【32】a，

【33】b，【34】a，【35】d，【36】b，【37】b，【38】c，【39】b，【40】c，

【41】b，【42】c，【43】b，【44】d，【45】d，【46】b，【47】d，【48】a，

【49】d，【50】b，【51】b，【52】d，【53】b，【54】d，【55】d，【56】c，

【57】c，【58】b，【59】c，【60】a，【61】c，【62】a，【63】b，【64】b，

【65】b，【66】d，【67】b，【68】a，【69】b，【70】c，【71】b，【72】b，

【73】d，【74】c，【75】a，【76】c，【77】a，【78】a，【79】d，【80】b，

【81】c，【82】c，【83】b，【84】b，【85】c，【86】b，【87】a，【88】c，

【89】d，【90】a，【91】d，【92】d，【93】b，【94】b，【95】b，【96】a，

【97】b，【98】d，【99】b，【100】c，【101】a，【102】c，【103】b，【104】c，

【105】a，【106】b（解説：のど厚＝サイズ×0.7），【107】b，【108】a（解説：有効のど断面積＝のど厚×有効溶接長さ），【109】a（解説：すみ肉溶接継手なので許容せん断応力を採用する），【110】a（解説：許容最大荷重＝有効のど断面積×許容応力），【111】d，【112】d，【113】a，【114】a，【115】d，【116】d，【117】b，

【118】c，【119】b，【120】c，【121】b，【122】d，【123】b，【124】d，【125】d，

【126】a，【127】a，【128】b，【129】b，【130】d，【131】d，【132】c，【133】c，

【134】a，【135】c，【136】b，【137】d，【138】a，【139】b，【140】d，【141】a，

【142】c，【143】b，【144】b，【145】a，【146】d，【147】a，【148】d，【149】c，

【150】c，【151】c，【152】d，【153】c，【154】b，【155】a，【156】c，【157】d，

【158】a，【159】c，【160】b，【161】c，【162】b，【163】a，【164】d，【165】b，

【166】d，【167】b，【168】b，【169】c，【170】b，【171】c，【172】a，【173】b，

【174】c，【175】a，【176】d，【177】c，【178】c，【179】d，【180】b，【181】c，

【182】b，【183】c，【184】d，【185】b，【186】d，【187】a，【188】b，【189】d，

【190】b，【191】c，【192】a，【193】d，【194】b，【195】c，【196】d，【197】c，

【198】c，【199】d，【200】b

2級試験問題

　次の設問【1】～【5】は金属の接合方法 について述べている。正しいものを1つ選び，マークシートの解答欄の該当箇所にマークせよ。

【1】電気エネルギーを加熱に利用する接合方法はどれか。
　　a　超音波圧接
　　b　アプセット溶接
　　c　テルミット溶接
　　d　摩擦圧接

【2】化学エネルギーを加熱に利用する接合方法はどれか。
　　a　拡散接合
　　b　エレクトロガスアーク溶接
　　c　エレクトロスラグ溶接
　　d　ガス圧接

【3】力学的エネルギーを加熱に利用する接合方法はどれか。
　　a　摩擦撹拌接合
　　b　抵抗スポット溶接
　　c　スタッド溶接
　　d　フラッシュ溶接

【4】光エネルギーを加熱に利用する接合方法はどれか。
　　a　電子ビーム溶接
　　b　拡散接合
　　c　レーザ溶接
　　d　誘導加熱ろう付

【5】機械的接合方法はどれか。
　　a　プロジェクション溶接
　　b　アプセット溶接
　　c　ウェルドボンド
　　d　リベット接合

　次の設問【6】～【10】は溶接法 について述べている。正しいものを1つ選び，マークシートの解答欄の該当箇所にマークせよ。

【6】両溶接法がアーク溶接に分類されるのはどれか。
　　a　ガス溶接と被覆アーク溶接
　　b　マグ溶接とミグ溶接
　　c　サブマージアーク溶接とフラッシュ溶接
　　d　エレクトロスラグ溶接とエレクトロガスアーク溶接

【7】両溶接法が抵抗溶接に分類されるのはどれか。
a　アプセット溶接と拡散接合
b　電子ビーム溶接と摩擦攪拌接合
c　プロジェクション溶接とシーム溶接
d　フラッシュ溶接とレーザ溶接

【8】両溶接法がガスシールドアーク溶接に分類されるのはどれか。
a　ティグ溶接とフラッシュ溶接
b　プラズマアーク溶接とエレクトロガスアーク溶接
c　エレクトロガスアーク溶接とエレクトロスラグ溶接
d　被覆アーク溶接とセルフシールドアーク溶接

【9】両溶接法が非溶極式アーク溶接に分類されるのはどれか。
a　マグ溶接とミグ溶接
b　ティグ溶接とプラズマアーク溶接
c　電子ビーム溶接とレーザ溶接
d　アプセット溶接とフラッシュ溶接

【10】両溶接法が溶極式アーク溶接に分類されるのはどれか。
a　ティグ溶接とミグ溶接
b　ティグ溶接とプラズマアーク溶接
c　エレクトロスラグ溶接とエレクトロガスアーク溶接
d　サブマージアーク溶接とセルフシールドアーク溶接

　次の設問【11】〜【15】は マグ溶接の溶滴移行形態について述べている。正しいものを1つ選び，マークシートの解答欄の該当箇所にマークせよ。

【11】シールドガスに100%CO_2を用いるマグ溶接の小電流・低電圧域での溶滴移行形態はどれか。
a　スプレー移行
b　ドロップ移行
c　反発移行
d　短絡移行

【12】シールドガスに100%CO_2を用いるマグ溶接の中電流・中電圧域での溶滴移行形態はどれか。
a　スプレー移行
b　ドロップ移行
c　反発移行
d　短絡移行

【13】シールドガスに80%Ar+20%CO_2混合ガスを用いるマグ溶接の小電流・低電圧域での溶滴移行形態はどれか。
a　スプレー移行
b　ドロップ移行
c　反発移行
d　短絡移行

【14】 シールドガスに80%Ar+20%CO_2混合ガスを用いるマグ溶接の中電流・中電圧域での溶滴移行形態はどれか。
　a　スプレー移行
　b　ドロップ移行
　c　反発移行
　d　短絡移行

【15】 シールドガスに80%Ar+20%CO_2混合ガスを用いるマグ溶接の大電流・高電圧域での溶滴移行形態はどれか。
　a　スプレー移行
　b　ドロップ移行
　c　反発移行
　d　短絡移行

　次の設問【16】～【20】は母材の材質と溶接電源の特性および極性の組合せについて述べている。正しいものを１つ選び，マークシートの解答欄の該当箇所にマークせよ。

【16】炭素鋼を被覆アーク溶接する場合，一般に用いる溶接電源の特性と極性の組合せはどれか。
　a　定電圧特性と直流・電極プラス（＋）
　b　定電圧特性と直流・電極マイナス（－）
　c　上昇特性と交流
　d　垂下特性と交流

【17】炭素鋼をマグ溶接する場合，一般に用いる溶接電源の特性と極性の組合せはどれか。
　a　定電圧特性と直流・電極プラス（＋）
　b　定電圧特性と直流・電極マイナス（－）
　c　上昇特性と交流
　d　垂下特性と交流

【18】ステンレス鋼をティグ溶接する場合，一般に用いる溶接電源の特性と極性の組合せはどれか。
　a　定電圧特性と直流・電極プラス（＋）
　b　定電圧特性と直流・電極マイナス（－）
　c　定電流（垂下）特性と直流・電極プラス（＋）
　d　定電流（垂下）特性と直流・電極マイナス（－）

【19】ステンレス鋼をマグ溶接する場合，一般に用いる溶接電源の特性と極性の組合せはどれか。
　a　定電圧特性と直流・電極プラス（＋）
　b　定電圧特性と直流・電極マイナス（－）
　c　定電流（垂下）特性と直流・電極プラス（＋）
　d　定電流（垂下）特性と直流・電極マイナス（－）

【20】アルミニウム合金をティグ溶接する場合，一般に用いる溶接電源の特性と極性の組合せはどれか。

a　定電流（垂下）特性と直流・電極プラス（＋）
b　定電流（垂下）特性と直流・電極マイナス（－）
c　定電流（垂下）特性と交流
d　定電圧特性と直流・電極プラス（＋）

次の設問【21】～【25】は直流インバータ制御アーク溶接電源の特徴について述べている。正しいものを１つ選び，マークシートの解答欄の該当箇所にマークせよ。

【21】インバータの役割はどれか。
a　溶接変圧器に直流を供給する
b　溶接変圧器に商用周波数の２分の１の周波数の交流を供給する
c　溶接変圧器に商用周波数の２倍の周波数の交流を供給する
d　溶接変圧器に商用周波数よりはるかに高い周波数の交流を供給する

【22】インバータ制御周波数の範囲はどれか。
a　数 Hz 以下
b　数十～数百 Hz
c　数千～十万 Hz
d　百万 Hz 以上

【23】インバータ制御周波数は溶接変圧器の大きさとどのように関係するか
a　ほぼ比例する
b　ほぼ反比例する
c　関係しない
d　出力によって大きくなったり小さくなったりする

【24】サイリスタ制御電源に比較すると，出力の応答性はどうなるか。
a　遅くなる
b　変わらない
c　速くなる
d　出力電圧によって遅くなったり速くなったりする

【25】サイリスタ制御電源に比較すると，電源の大きさはどうなるか。
a　大きくなる
b　小さくなる
c　ほぼ同じ大きさである
d　極性によって大きくなったり小さくなったりする

次の設問【26】～【30】は溶接品質に及ぼす溶接条件の影響について述べている。正しいものを１つ選び，マークシートの解答欄の該当箇所にマークせよ。

【26】アーク電圧と溶接速度を一定にして，溶接電流を増加させるとどうなるか。
a　ビード幅が減少し，溶込み深さが増加する
b　ビード幅が増加し，溶込み深さが減少する
c　ビード幅が増加し，溶込み深さも増加する
d　ビード幅は変化せず，余盛高さが高くなる

【27】溶接電流と溶接速度を一定にして，アーク電圧を高くするとどうなるか。
　　a　ビード幅が減少し，溶込み深さが増加する
　　b　ビード幅が増加し，溶込み深さが減少する
　　c　ビード幅は変化せず，溶込み深さが増加する
　　d　ビード幅は変化せず，余盛高さが高くなる

【28】溶接電流とアーク電圧を一定にして，溶接速度を遅くするとどうなるか。
　　a　入熱が減少する
　　b　ビード幅が減少する
　　c　溶込みが減少する
　　d　溶込みが増加する

【29】小電流溶接で，溶接速度を速くした場合に生じるのはどれか。
　　a　溶落ち
　　b　溶込不良
　　c　アンダカット
　　d　オーバーラップ

【30】大電流溶接で，溶接速度を速くした場合に生じるのはどれか。
　　a　溶落ち
　　b　融合不良
　　c　アンダカット
　　d　オーバーラップ

　　次の設問【31】～【35】は溶接ロボットについて述べている。正しいものを１つ選び，マークシートの解答欄の該当箇所にマークせよ。

【31】アーク溶接ロボットに最も多く用いられている動作機構の形式はどれか。
　　a　円筒座標形
　　b　極座標形
　　c　多関節形
　　d　パラレルリンク形

【32】アーク溶接ロボットで多用される溶接法はどれか。
　　a　サブマージアーク溶接
　　b　マグ溶接
　　c　セルフシールドアーク溶接
　　d　エレクトロガスアーク溶接

【33】アーク溶接ロボットに予め動作や溶接条件などを教える作業はどれか。
　　a　ウィービング
　　b　ガウジング
　　c　ティーチング
　　d　CAD/CAM

【34】コンピュータ画面上のシミュレーションでロボットの動作プログラムを作成する作業はどれか。
　　a　オンラインコントロール

b　オンラインティーチング
c　オフラインティーチング
d　オフラインコントロール

【35】労働安全衛生法でアーク溶接ロボットの設置・使用時に義務付けられている事項はどれか。
a　動作範囲内へ出入りする扉へカメラを設けること
b　動作範囲内に作業状態の監視員をおくこと
c　動作範囲内への容易な侵入を防止する柵などを設けること
d　動作範囲内には電撃防止装置を設けること

　次の設問【36】～【40】は切断法について述べている。正しいものを1つ選び，マークシートの解答欄の該当箇所にマークせよ。

【36】ガス切断の原理はどれか。
a　酸素とアセチレンの化学反応
b　酸素と鉄の化学反応
c　アセチレンの運動エネルギー
d　酸素の運動エネルギー

【37】パウダ切断はどの切断法を応用したものか。
a　ガス切断
b　プラズマ切断
c　レーザ切断
d　ウォータジェット切断

【38】エアプラズマ切断で切断できる材料はどれか。
a　木材
b　プラスチック
c　アルミニウム合金
d　セラミックス

【39】板厚12mm程度の鋼板の切断において，切断変形が最も小さくなる切断法はどれか。
a　ガス切断
b　プラズマ切断
c　レーザ切断
d　パウダ切断

【40】銅合金ならびにアルミニウム合金の切断に適用できない切断法はどれか。
a　ガス切断
b　プラズマ切断
c　レーザ切断
d　ウォータジェット切断

　次の設問【41】～【45】は鋼について述べている。正しいものを1つ選び，マークシートの解答欄の該当箇所にマークせよ。

【41】低炭素鋼の最大炭素含有量はどれか。
 a 0.3%
 b 0.5%
 c 0.7%
 d 1.2%

【42】炭素含有量0.2%の鋼を1000℃に加熱・保持したときの組織はどれか。
 a パーライト
 b フェライト
 c オーステナイト
 d マルテンサイト

【43】炭素含有量0.2%の鋼を1000℃から徐冷したときに，フェライトが析出する温度はどれか。
 a A_1点
 b A_2点
 c A_3点
 d A_4点

【44】炭素鋼におけるパーライト組織はどれか。
 a マルテンサイトとフェライトの混合組織
 b フェライトとセメンタイトの混合組織
 c オーステナイトとセメンタイトの混合組織
 d オーステナイトとフェライトの混合組織

【45】TMCP（熱加工制御）鋼とは，どのような鋼か。
 a 圧延の後，焼入焼戻しの熱処理によって製造された鋼
 b 圧延の後，オーステナイト温度域から空冷する熱処理によって製造された鋼
 c 圧延温度や圧下量を制御して圧延を行い，加速冷却して製造された鋼
 d オーステナイト温度域から急冷した後，二相温度域に再加熱・長時間保持して製造された鋼

　次の設問【46】～【50】は鋼の熱処理について述べている。正しいものを1つ選び，マークシートの解答欄の該当箇所にマークせよ。

【46】低炭素鋼を1000℃から急冷したときの室温組織はどれか。
 a マルテンサイト
 b オーステナイトとパーライト
 c フェライトとパーライト
 d オーステナイトとフェライト

【47】低炭素鋼を1000℃から徐冷したときの室温組織はどれか。
 a オーステナイトとフェライト
 b マルテンサイトとオーステナイト
 c パーライトとオーステナイト
 d フェライトとパーライト

【48】A₃温度より30〜50℃高い温度に加熱した後，大気中で放冷する処理はどれか。
　a　焼入れ
　b　焼ならし
　c　焼なまし
　d　焼戻し

【49】オーステナイト温度域から急冷する処理の目的はどれか。
　a　硬さや強度を増すこと
　b　硬さを低下させ，延性を向上させること
　c　組織を粗大化させること
　d　じん性を向上させること

【50】焼戻しはどれか。
　a　オーステナイト温度域から急冷する処理
　b　オーステナイト温度域から炉中で徐冷する処理
　c　オーステナイト温度域から空冷する処理
　d　600℃程度の温度に再加熱し，空冷する処理

　次の設問【51】〜【55】はJIS鋼材規格について述べている。正しいものを1つ選び，マークシートの解答欄の該当箇所にマークせよ。

【51】材料記号SM490で，数字490が表すものはどれか。
　a　硬さ
　b　降伏点または0.2%耐力
　c　疲れ強さ
　d　引張強さ

【52】化学成分で，PおよびS量のみが規定されている鋼材はどれか。
　a　SS400
　b　SM400A
　c　SM400B
　d　SM400C

【53】溶接構造用圧延鋼材SM490A，SM490B，SM490Cで規定値が異なるのはどれか。
　a　降伏点または0.2%耐力
　b　シャルピー吸収エネルギー
　c　引張強さ
　d　溶接割れ感受性組成

【54】溶接割れ感受性組成（P_{CM}）を規定している鋼材はどれか。
　a　SS400
　b　SM400B
　c　SM400C
　d　SN400C

【55】建築構造用圧延鋼材SN400Bでは，降伏比をどのように規定しているか。
　a　60%以下

   b   60％以上
   c   80％以下
   d   80％以上

　次の設問【56】～【60】は各種鋼材について述べている。正しいものを１つ選び，マークシートの解答欄の該当箇所にマークせよ。

【56】一般に，高張力鋼の引張強さはいくら以上か。
   a $350N/mm^2$
   b $490N/mm^2$
   c $570N/mm^2$
   d $780N/mm^2$

【57】低温じん性を向上させる効果が大きい元素はどれか。
   a   Si
   b   Cr
   c   C
   d   Ni

【58】TMCP鋼の溶接施工での利点はどれか。
   a   溶接棒の乾燥不要
   b   高速溶接が可能
   c   溶接後熱処理の低温・短時間化
   d   予熱温度の低減

【59】高温用鋼で特に重視される特性はどれか。
   a   じん性
   b   座屈強さ
   c   クリープ強さ
   d   破断伸び

【60】化学プラントなどで用いられる耐食性の高い鋼はどれか。
   a   高張力鋼
   b   ステンレス鋼
   c   耐火鋼
   d   炭素鋼

　次の設問【61】～【65】は低炭素鋼の溶接部のミクロ組織と特性について述べている。正しいものを１つ選び，マークシートの解答欄の該当箇所にマークせよ。

【61】最もぜい化している領域はどれか。
   a   溶接金属
   b   粗粒域
   c   細粒域
   d   部分変態域（二相加熱域）

【62】溶接熱影響部において，A$_3$点直上に加熱され，じん性などの機械的性質が良好な領域はどれか。

a　粗粒域
b　細粒域
c　部分変態域（二相加熱域）
d　母材原質域

【63】低入熱で溶接した場合に生じやすい現象はどれか。

a　熱影響部の硬化
b　結晶粒の粗大化
c　溶接金属の酸化
d　溶接金属の軟化

【64】過大な入熱で溶接した場合に生じやすい現象はどれか。

a　結晶粒の粗大化
b　結晶粒の微細化
c　熱影響部の硬化
d　マルテンサイトの生成

【65】溶接熱影響部の最高硬さの推定に用いられるものはどれか。

a　ニッケル当量
b　化学当量
c　炭素当量
d　クロム当量

　　次の設問【66】〜【70】は鋼の溶接割れについて述べている。正しいものを１つ選び，マークシートの解答欄の該当箇所にマークせよ。

【66】低温割れの発生時期はどれか。

a　溶接中
b　溶接後数日以内
c　応力除去焼鈍時
d　低温に曝されたとき

【67】低温割れの要因となるのはどれか。

a　酸素
b　窒素
c　アルゴン
d　水素

【68】低温割れの防止策として有効なものはどれか。

a　溶接入熱の低減
b　予熱または直後熱
c　溶接割れ感受性組成（P$_{CM}$）が大きい鋼材の使用
d　イルミナイト系溶接棒の使用

【69】凝固割れの防止策として有効なものはどれか。

a　不純物元素（PおよびS）量の低減

  b 水素量の低減
  c 継手の拘束
  d 溶接後熱処理（PWHT）

【70】再熱割れが生じやすい鋼はどれか。
  a 溶接割れ感受性組成（P_{CM}）が小さい鋼材
  b 炭素当量が小さい鋼材
  c Cr，Mo，Vなどを含有する鋼材
  d Niを含有する鋼材

次の設問【71】～【75】は溶接材料について述べている。正しいものを1つ選び，マークシートの解答欄の該当箇所にマークせよ。

【71】被覆アーク溶接棒の被覆剤の役割はどれか。
  a ヒュームの発生を抑制する
  b 溶融金属を大気から保護する
  c 水素の拡散を容易にする
  d 溶接変形を少なくする

【72】被覆アーク溶接棒のJIS記号，E4316中の「16」は何を表すか。
  a 被覆剤の系統
  b 溶着金属の最小引張強さの水準
  c シャルピー吸収エネルギーの水準
  d 適用できる溶接姿勢

【73】低水素系被覆アーク溶接棒の乾燥で正しいのはどれか。
  a 使用前に70～100℃で乾燥する
  b 使用前に300～400℃で乾燥する
  c 使用前に500～600℃で乾燥する
  d 溶接棒の乾燥は不要である

【74】サブマージアーク溶接用ボンドフラックスの特徴はどれか。
  a 耐吸湿性が優れている
  b 使用前の乾燥は不要である
  c 合金元素の添加が容易である
  d 溶接変形を少なくする

【75】サブマージアーク溶接用溶融フラックスの特徴はどれか。
  a 耐吸湿性が優れている
  b 使用前の乾燥は不要である
  c 合金元素の添加が容易である
  d 溶接変形を少なくする

次の設問【76】～【80】はマグ溶接・ミグ溶接について述べている。正しいものを1つ選び，マークシートの解答欄の該当箇所にマークせよ。

【76】ミグ溶接に使用されるシールドガスはどれか。

a　CO_2

b　CO_2とArの混合ガス

c　Ar

d　ArとN_2の混合ガス

【77】マグ溶接に使用されないガスはどれか。

a　N_2

b　CO_2

c　Ar

d　O_2

【78】マグ溶接が被覆アーク溶接に比べて，優れている点はどれか。

a　アンダカットの防止

b　再熱割れの防止

c　高温割れの防止

d　低温割れの防止

【79】マグ溶接用ソリッドワイヤYGW12で，被覆アーク溶接棒の心線と比較して添加量が多い元素はどれか。

a　CrとNi

b　MnとTi

c　PとS

d　SiとMn

【80】80%Ar＋20%CO_2のシールドガス用のワイヤを，100%CO_2のマグ溶接で使用した場合，どうなるか。

a　溶接金属のSiとMn量が少なくなり，強さが上昇する

b　溶接金属のSiとMn量が少なくなり，強さが低下する

c　溶接金属のSiとMn量が多くなり，強さが上昇する

d　溶接金属のSiとMn量が多くなり，強さが低下する

　　次の設問【81】～【85】はステンレス鋼について述べている。正しいものを１つ選び，マークシートの解答欄の該当箇所にマークせよ。

【81】オーステナイト系ステンレス鋼はどれか。

a　SUS410

b　SUS430

c　SUS316

d　SUS329J3L

【82】熱膨張係数が最も大きいステンレス鋼はどれか。

a　オーステナイト系ステンレス鋼

b　フェライト系ステンレス鋼

c　二相系ステンレス鋼

d　マルテンサイト系ステンレス鋼

【83】オーステナイト系ステンレス鋼の溶接で生じやすい割れはどれか。

a　凝固割れ

  b　ラメラテア
  c　ビード下割れ
  d　低温割れ

【84】フェライト系ステンレス鋼の溶接部の組織が粗大化することによって低下する特性
　　はどれか。

  a　硬さ
  b　じん性
  c　耐食性
  d　引張強さ

【85】オーステナイト系ステンレス鋼溶接熱影響部の粒界腐食防止策はどれか。

  a　拡散性水素量の低減
  b　予熱の実施
  c　600～650℃での溶接後熱処理の実施
  d　低炭素ステンレス鋼の採用

　　次の設問【86】～【90】は材料力学の基礎について述べている。正しいものを1つ
選び，マークシートの解答欄の該当箇所にマークせよ。

【86】荷重を除去したとき，変形が元に戻る性質はどれか。

  a　じん性
  b　剛性
  c　弾性
  d　塑性

【87】荷重を除去した後も，変形が元に戻らない性質はどれか。

  a　じん性
  b　剛性
  c　弾性
  d　塑性

【88】丸棒引張試験において，最大荷重点の応力を何というか。

  a　降伏点
  b　0.2％耐力
  c　引張強さ
  d　破断応力

【89】丸棒引張試験において，20mmの標点距離が伸びて22mmになったときのひずみはい
　　くらか。

  a　0.1％
  b　2％
  c　10％
  d　20％

【90】断面積が10mm²の丸棒を500Nの荷重で引張ると，軸方向に生じる応力はいくらか。

  a　0.5MPa

　　b　5 MPa
　　c　50MPa
　　d　500MPa

　次の設問【91】〜【95】は材料強度の基礎について述べている。正しいものを1つ選び，マークシートの解答欄の該当箇所にマークせよ。

【91】高張力鋼が軟鋼よりも大きな値を示すのはどれか。
　　a　縦弾性係数
　　b　伸び
　　c　降伏比（＝0.2％耐力／引張強さ）
　　d　絞り

【92】ぜい性破壊の特徴はどれか。
　　a　負荷応力が材料の降伏点以下でも生じる
　　b　負荷応力が材料の降伏点に達したときに生じる
　　c　負荷応力が材料の降伏点を越えないと生じない
　　d　負荷応力が材料の引張強さに達したときに生じる

【93】疲労破壊の特徴はどれか。
　　a　繰返し応力が材料の降伏点以下でも生じる
　　b　繰返し応力が材料の降伏点に達したときに生じる
　　c　繰返し応力が材料の降伏点を越えないと生じない
　　d　繰返し応力が材料の引張強さに達したときに生じる

【94】シャルピー衝撃試験で得られるエネルギー遷移温度はどれか。
　　a　吸収エネルギーが下部棚エネルギーとなる上限温度
　　b　吸収エネルギーが下部棚エネルギーの2倍となる温度
　　c　吸収エネルギーが上部棚エネルギーの1/2となる温度
　　d　吸収エネルギーが上部棚エネルギーとなる下限温度

【95】シャルピー衝撃試験で得られる破面遷移温度はどれか。
　　a　ぜい性破面率が100％となる温度
　　b　ぜい性破面率が75％となる温度
　　c　ぜい性破面率が50％となる温度
　　d　ぜい性破面率が0％となる温度

　次の設問【96】〜【100】は溶接継手の強度について述べている。正しいものを1つ選び，マークシートの解答欄の該当箇所にマークせよ。

【96】疲れ強さの向上に最も有効なものはどれか。
　　a　降伏点の高い材料を使用する
　　b　引張強さの高い材料を使用する
　　c　余盛頂上を滑らかにする
　　d　余盛止端を滑らかにする

【97】ぜい性破壊強さの向上に有効なものはどれか。
a　降伏点の高い材料を使用する
b　引張強さの高い材料を使用する
c　溶接入熱が過大にならないようにする
d　炭素当量を増大させる

【98】残留応力が最も影響するのはどれか。
a　降伏点
b　引張強さ
c　疲れ強さ
d　クリープ強さ

【99】疲れ強さに最も影響する溶接変形はどれか。
a　横収縮
b　縦曲り変形
c　角変形
d　回転変形

【100】ぜい性破壊強さに最も影響する溶接変形はどれか。
a　横収縮
b　縦曲り変形
c　角変形
d　回転変形

　次の設問【101】～【105】は溶接変形について述べている。正しいものを1つ選び，マークシートの解答欄の該当箇所にマークせよ。

【101】溶接線に直角方向に生じる溶接変形はどれか。
a　縦収縮
b　横収縮
c　座屈変形
d　回転変形

【102】溶接線方向の残留応力の発生に最も大きく関係する溶接変形はどれか。
a　縦収縮
b　横収縮
c　座屈変形
d　回転変形

【103】溶接の進行とともにルート間隔が変化する溶接変形はどれか。
a　縦収縮
b　横収縮
c　角変形
d　回転変形

【104】溶接部表面と裏面の横収縮の差によって生じる溶接変形はどれか。
a　縦収縮
b　横収縮

　　c　角変形
　　d　回転変形

【105】薄板溶接での座屈変形の主原因はどれか。
　　a　溶接線方向の引張残留応力
　　b　溶接線方向の圧縮残留応力
　　c　溶接線直角方向の引張残留応力
　　d　溶接線直角方向の圧縮残留応力

　　次の設問【106】〜【110】はJIS Z 3021 溶接記号について述べている。正しいものを1つ選び，マークシートの解答欄の該当箇所にマークせよ。

【106】図Aの実形の溶接継手を溶接記号で表したものはどれか。
　　a　イ
　　b　ロ
　　c　ハ
　　d　ニ

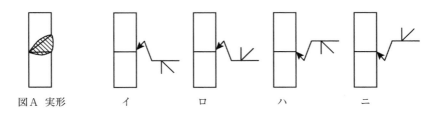

図A　実形　　　　　　イ　　　　　　ロ　　　　　　ハ　　　　　　ニ

【107】図Bの溶接記号が表している継手はどれか。
　　a　脚長7mmの千鳥断続すみ肉溶接継手
　　b　脚長7mmの並列断続すみ肉溶接継手
　　c　のど厚7mmの千鳥断続すみ肉溶接継手
　　d　のど厚7mmの並列断続すみ肉溶接継手

図B

【108】図Bの溶接記号の数字50と200が表している説明はどれか。
　　a　1つの溶接長が50mmで，ビード端間距離が200mm
　　b　1つの溶接長が50mmで，ピッチが200mm
　　c　1つの溶接長が200mmで，ビード端間距離が50mm
　　d　1つの溶接長が200mmで，ピッチが50mm

【109】図Cの溶接記号が表している継手はどれか。
　　a　開先深さ8mm，溶接深さ10mm，左側部材にレ形開先
　　b　開先深さ10mm，溶接深さ8mm，左側部材にレ形開先
　　c　開先深さ8mm，溶接深さ10mm，右側部材にレ形開先
　　d　開先深さ10mm，溶接深さ8mm，右側部材にレ形開先

図C

【110】図Cの溶接記号 UT－○ が表している説明はどれか。
　　a　全線の超音波探傷試験を矢の側から行う
　　b　抜取りの超音波探傷試験を矢の側から行う
　　c　全線の超音波探傷試験を矢と反対側から行う
　　d　抜取りの超音波探傷試験を矢と反対側から行う

　　次の設問【111】～【115】は側面すみ肉溶接継手に引張荷重 P が作用する場合の許容最大荷重を算定する手順を記している。正しいものを1つ選び，マークシートの解答欄の該当箇所にマークせよ。ただし，許容引張応力は140N/mm²，許容せん断応力は80N/mm²で，$1/\sqrt{2}=0.7$ とする。

【111】すみ肉溶接部ののど厚は何mmか。
　　a　5mm
　　b　7mm
　　c　10mm
　　d　14mm

【112】溶接長をそのまま有効溶接長さとすると，強度計算に用いる全有効溶接長さは何mmか。

a　200 mm
b　300 mm
c　400 mm
d　500 mm

【113】強度計算に用いる有効のど断面積は何mm²か。

a　1,400 mm²
b　2,000 mm²
c　2,800 mm²
d　4,000 mm²

【114】この継手の許容応力は何N/mm²か。

a　80 N/mm²
b　110 N/mm²
c　140 N/mm²
d　220 N/mm²

【115】許容最大荷重はいくらか。

a　112 kN
b　224 kN
c　308 kN
d　392 kN

　次の設問【116】〜【120】は品質および品質管理について述べている。正しいもの
を１つ選び，マークシートの解答欄の該当箇所にマークせよ。

【116】PDCAサイクル（サークル）を提唱したのは誰か。

a　ディロング
b　シェブロン
c　シェフラ
d　デミング

【117】設計，製造，検査，営業の各部門が集まって，設計の品質を検討する会議はどれか。

a　生産計画会議
b　設計図書出図会議
c　施工要領レビュー会議
d　デザインレビュー会議

【118】「金属材料の融接に関する品質要求事項」規格はどれか。

a　ISO 3834（JIS Z 3400）
b　ISO 9001（JIS Q 9001）
c　ISO 14001（JIS Q 14001）
d　ISO 14731（JIS Z 3410）

【119】「溶接管理-任務及び責任」規格はどれか。

a　ISO 3834（JIS Z 3400）
b　ISO 9001（JIS Q 9001）
c　ISO 14001（JIS Q 14001）

 d ISO 14731（JIS Z 3410）

【120】品質管理に用いられる図はどれか。

 a CCT 図
 b S-N 線図
 c ヒストグラム
 d 状態図

 次の設問【121】〜【125】は溶接管理技術者の任務について述べている。正しいものを 1 つ選び，マークシートの解答欄の該当箇所にマークせよ。

【121】溶接施工要領の策定において，製造品質面で考慮すべきものはどれか。

 a 鋼材選定
 b 立会検査員選定
 c 溶接作業管理
 d 溶接技能者育成計画

【122】材料管理に関わる任務はどれか。

 a 溶接継手の非破壊検査
 b 母材部の品質及び合否判定基準の決定
 c 溶接施工法の承認取得
 d 切断部材の識別管理

【123】生産計画の立案に関わる任務はどれか。

 a 構造設計強度のレビュー
 b 溶接順序の決定
 c 補修位置の確認
 d 作業記録の作成

【124】試験・検査に関わる任務はどれか。

 a 溶接継手位置の決定
 b 溶接技能者の教育
 c 溶接作業指示書の発行
 d 溶接変形矯正方法の決定

【125】溶接結果の評価に関わる任務はどれか。

 a 溶接補修の要否判断
 b 溶接順序の決定
 c 非破壊検査記録の作成
 d 寸法記録の作成

 次の設問【126】〜【130】は溶接施工要領について述べている。正しいものを 1 つ選び，マークシートの解答欄の該当箇所にマークせよ。

【126】溶接施工法試験を示すのはどれか。

 a WPC（Welding Procedure Control）
 b WPQR（Welding Procedure Qualification Record）

    c　WPS（Welding Procedure Specification）
    d　WPT（Welding Procedure Test）

【127】溶接施工要領書に記載すべきものはどれか。

    a　継手の種類
    b　試験片の採取要領
    c　非破壊試験要領
    d　溶接技能者名

【128】鋼の突合せ溶接（完全溶込み）の溶接施工法試験で必ず要求される試験はどれか。

    a　衝撃試験
    b　溶接金属引張試験
    c　継手引張試験
    d　疲労試験

【129】溶接施工法承認記録で承認されるのはどれか。

    a　溶接作業者
    b　鋼材の供給メーカ
    c　溶接姿勢
    d　溶接機の形式

【130】溶接確認項目（エッセンシャルバリアブル）とは何か。

    a　溶接に必要な技量資格
    b　客先承認項目
    c　溶接設計に必要な項目
    d　溶接継手の品質に影響を与える項目

  次の設問【131】～【135】は溶接に使われる用語について述べている。正しいものを1つ選び，マークシートの解答欄の該当箇所にマークせよ。

【131】溶着速度を示すのはどれか。

    a　単位時間当りの溶着金属量
    b　単位時間当りの溶接材料の溶融量
    c　単位時間当りの溶接長
    d　継手の単位長さ当りの溶接材料消耗量

【132】溶接機の負荷率を示すのはどれか。

    a　アーク発生時間の合計 ÷ 全作業時間
    b　パルス時間 ÷ パルス周期
    c　溶接入熱 ÷ 投入電力
    d　実作業での平均溶接電流 ÷ 定格出力電流

【133】アークタイムの計算式はどれか。

    a　必要な溶接金属量 ÷ 溶着速度
    b　必要な溶接金属量 × 溶着速度
    c　溶着速度 ÷ 必要な溶接金属量
    d　必要な溶接金属量 ÷ 溶接技能者数

【134】生産性を示すのはどれか。

a　総コスト ÷ 溶接機台数
b　材料重量 ÷ 溶接機台数
c　設備費 ÷ 労働時間
d　産出（アウトプット）÷ 投入（インプット）

【135】溶接生産性を示すのはどれか。

a　工場労働者数 ÷ 溶接機台数
b　加工鋼材重量 ÷ 溶接作業時間
c　総コスト ÷ 総労働時間
d　溶接材料費 ÷ 溶接作業時間

　次の設問【136】～【140】は溶接入熱および冷却速度について述べている。正しいものを1つ選び，マークシートの解答欄の該当箇所にマークせよ。

【136】溶接入熱の計算に用いないものはどれか。

a　アーク電圧
b　溶接電流
c　板厚
d　溶接速度

【137】溶接入熱に反比例するのはどれか。

a　アーク電圧
b　溶接速度
c　板厚
d　溶接電流

【138】他の条件を一定として，溶接電流を2倍にすると溶接入熱は何倍となるか。

a　0.5倍
b　1倍
c　2倍
d　4倍

【139】被覆アーク溶接の溶接金属量は次のどれにほぼ比例するか。

a　溶接入熱の逆数
b　溶接入熱
c　溶接入熱の平方根
d　溶接入熱の2乗

【140】高張力鋼の溶接で溶接入熱が過大になると溶接部の特性はどうなるか。

a　じん性が低くなる
b　じん性が高くなる
c　硬さが高くなる
d　引張強さが高くなる

　次の設問【141】～【145】はSM490鋼突合せ継手（板厚25mm）のタック溶接に

ついて述べている。正しいものを1つ選び，マークシートの解答欄の該当箇所にマークせよ。

【141】タック溶接の目的はどれか。
a　残留応力の低減
b　低温割れの防止
c　溶落ちの防止
d　部材の定位置確保

【142】タック溶接に使われる溶接法はどれか。
a　サブマージアーク溶接
b　プラズマアーク溶接
c　マグ溶接
d　スタッド溶接

【143】タック溶接の標準的な最小ビード長さはどれか。
a　10〜20mm
b　40〜50mm
c　100〜120mm
d　150〜200mm

【144】低水素系被覆アーク溶接棒を用いたタック溶接時の標準的な予熱温度はどれか。
a　25℃
b　50℃
c　80℃
d　150℃

【145】タック溶接の最小ビード長さが規定されている理由はどれか。
a　溶落ち防止
b　溶接変形防止
c　低温割れ防止
d　高温割れ防止

次の設問【146】〜【150】は半自動マグ溶接について述べている。正しいものを1つ選び，マークシートの解答欄の該当箇所にマークせよ。

【146】一般に用いられるシールドガス流量はどれか。
a　1〜5L/分
b　15〜25L/分
c　40〜60L/分
d　80〜100L/分

【147】最大ウィービング幅の目安はノズル口径の何倍か。
a　0.2倍
b　0.5倍
c　1.5倍
d　5倍

【148】JASS 6 鉄骨工事の規定で，防風対策が必要な風速の最小値はどれか。
  a   1 m/秒
  b   2 m/秒
  c   5 m/秒
  d   10 m/秒

【149】立向下進溶接で一般に用いられるトーチ角（傾斜角）はどれか。
  a   前進角
  b   垂直
  c   平行
  d   後進角

【150】多層溶接で融合不良を防止する対策はどれか。
  a   ビード形状が凸とならないようにする
  b   シールドガス流量を少なくする
  c   開先角度を狭くする
  d   短絡移行形態で溶接する

  次の設問【151】～【155】はPWHT（溶接後熱処理）について述べている。正しいものを１つ選び，マークシートの解答欄の該当箇所にマークせよ。

【151】PWHTの目的はどれか。
  a   再熱割れ防止
  b   高温割れ防止
  c   継手強度向上
  d   残留応力低減

【152】PWHTで生じる割れはどれか。
  a   低温割れ
  b   高温割れ
  c   再熱割れ
  d   ラメラテア

【153】PWHT（JIS Z 3700）において，鋼材（母材）の種類により決まるのはどれか。
  a   炉入れ・炉から取出し時の炉内温度
  b   最小保持時間
  c   保持時間中の被加熱部全体にわたる温度差
  d   最低保持温度

【154】PWHT（JIS Z 3700）において，板厚により決まるのはどれか。
  a   炉入れ・炉から取出し時の炉内温度
  b   最小保持時間
  c   保持時間中の被加熱部全体にわたる温度差
  d   最低保持温度

【155】PWHTが通常要求されない材料はどれか。
  a   炭素鋼
  b   Cr-Mo鋼

 c 3.5Ni鋼
 d SUS304

　次の設問【156】～【160】は溶接割れについて述べている。正しいものを1つ選び，マークシートの解答欄の該当箇所にマークせよ。

【156】低温割れが最も発生しにくい溶接法はどれか。
 a セルフシールドアーク溶接
 b ソリッドワイヤを用いたマグ溶接
 c ライムチタニア系溶接棒を用いた被覆アーク溶接
 d 高セルロース系溶接棒を用いた被覆アーク溶接

【157】低温割れ防止の観点から選定すべき鋼材はどれか。
 a 引張強さの高い鋼材
 b Ceqの高い鋼材
 c じん性の低い鋼材
 d P_{CM}の低い鋼材

【158】梨形（ビード）割れの防止策として最も有効なのはどれか。
 a 開先角度を小さくする
 b 開先角度を大きくする
 c 余盛を高くする
 d 余盛を低くする

【159】梨形（ビード）割れの防止策として有効な溶接条件はどれか。
 a 溶接電流を低くし，溶接速度を遅くする
 b 溶接電流を低くし，溶接速度を速くする
 c 溶接電流を高くし，溶接速度を遅くする
 d 溶接電流を高くし，溶接速度を速くする

【160】ラメラテアの原因となるのはどれか。
 a 炭化物
 b 酸化物
 c 窒化物
 d 硫化物

　次の設問【161】～【165】は高張力鋼の補修溶接について述べている。正しいものを1つ選び，マークシートの解答欄の該当箇所にマークせよ。

【161】補修溶接時に最も留意すべきものはどれか。
 a 溶着量
 b 溶接速度
 c 拡散性水素量
 d アーク長

【162】直線状に置いたビードを何と呼ぶか。
 a ウィービングビード

b　テンパビード
c　ハーフビード
d　ストリンガビード

【163】補修溶接ビードの標準的な最小長さはどれか。

a　15mm
b　50mm
c　150mm
d　300mm

【164】補修溶接部の適切な非破壊検査時期はどれか。

a　溶接直後
b　溶接完了後12〜24時間の間
c　溶接完了後24〜48時間経過後
d　いつでも良い

【165】溶接後熱処理ができない場合にとられる方法はどれか。

a　バックステップ法
b　ブロック法
c　ストリンガビード法
d　テンパビード法

　　次の設問【166】〜【170】は溶接内部の非破壊試験方法について述べている。正しいものを1つ選び，マークシートの解答欄の該当箇所にマークせよ。

【166】X線のほか放射線透過試験に広く用いられるのはどれか。

a　α線
b　β線
c　γ線
d　中性子線

【167】試験材を透過した放射線の強さの記述で，正しいのはどれか。

a　試験材が厚いほど弱くなる
b　試験材が厚いほど強くなる
c　試験材が薄いほど弱くなる
d　試験材の厚さに関係なく同じである

【168】超音波探傷試験で欠陥エコーが最も高くなるのはどれか。

a　面状欠陥に超音波が15度で入射した場合
b　面状欠陥に超音波が45度で入射した場合
c　面状欠陥に超音波が垂直に入射した場合
d　面状欠陥に超音波が平行に入射した場合

【169】超音波探傷試験で欠陥の深さ位置を求めるために必要なものはどれか。

a　エコー高さ
b　ビーム路程
c　ビーム幅
d　指示長さ

【170】超音波探傷試験が放射線透過試験よりまさる点はどれか。

    a　欠陥の種類判別が容易である
    b　ブローホールを容易に検出できる
    c　表面粗さの影響を受けない
    d　試験体の片側から検査ができる

　次の設問【171】～【175】は溶接部表面の非破壊試験について述べている。正しいものを1つ選び，マークシートの解答欄の該当箇所にマークせよ。

【171】磁粉探傷試験で微細な割れの検出に用いられる磁粉はどれか。

    a　乾式磁粉
    b　湿式磁粉
    c　蛍光磁粉
    d　非蛍光磁粉

【172】磁粉探傷試験に関する記述で正しいのはどれか。

    a　チタン合金の検査に適用できる
    b　アルミニウム合金の検査に適用できる
    c　磁束の方向に直角なきずが検出できる
    d　高張力鋼の検査ではプロッド法が適用される

【173】浸透探傷試験で検出できる欠陥はどれか。

    a　ビード下割れ
    b　ピット
    c　層間の融合不良
    d　ブローホール

【174】浸透探傷試験で浸透液塗布後の浸透時間（放置時間）はどれか。

    a　30秒以下
    b　1分以下
    c　1分～3分
    d　5分～20分

【175】アンダカットの深さ測定に用いる器具はどれか。

    a　ひずみゲージ
    b　すきまゲージ
    c　限界ゲージ
    d　ダイヤルゲージ

　次の設問【176】～【180】は非破壊試験方法について述べている。正しいものを1つ選び，マークシートの解答欄の該当箇所にマークせよ。

【176】面状欠陥の方向の影響を受けない試験方法はどれか。

    a　超音波探傷試験
    b　浸透探傷試験
    c　磁粉探傷試験

d　放射線透過試験

【177】パス間の融合不良を検出しやすい試験方法はどれか。

a　超音波探傷試験
b　浸透探傷試験
c　磁粉探傷試験
d　放射線透過試験

【178】透過度計を必要とする試験方法はどれか。

a　超音波探傷試験
b　浸透探傷試験
c　磁粉探傷試験
d　放射線透過試験

【179】ラメラテアの検出に適している試験方法はどれか。

a　超音波探傷試験
b　浸透探傷試験
c　磁粉探傷試験
d　放射線透過試験

【180】高張力鋼溶接部の微細な表面割れの検出に最も適している試験方法はどれか。

a　水洗性浸透液を用いた浸透探傷試験
b　溶剤除去性浸透液を用いた浸透探傷試験
c　プロッド法を用いた磁粉探傷試験
d　極間法を用いた磁粉探傷試験

　次の設問【181】～【185】は電撃防止のための安全衛生について述べている。正しいものを1つ選び，マークシートの解答欄の該当箇所にマークせよ。

【181】JIS C 9311「アーク溶接機用電撃防止装置」で規定されている始動時間はどれか。

a　0.01秒以下
b　0.06秒以下
c　0.10秒以下
d　0.20秒以下

【182】JIS C 9311「アーク溶接機用電撃防止装置」で規定されている安全電圧は何V以下か。

a　15V
b　25V
c　35V
d　45V

【183】労働安全衛生規則で電撃防止装置の使用を義務づけている作業高さは何m以上か。

a　1m
b　2m
c　3m
d　4m

【184】電撃防止装置の動作点検を行う時期で正しいのはどれか。
- a　溶接作業の終了時
- b　その日の溶接作業の開始前
- c　1週間に1回
- d　1か月に1回

【185】電撃防止装置で遅動時間が設定されている理由はどれか。
- a　被覆アーク溶接棒と溶接棒ホルダとの絶縁性保護のため
- b　溶接電源の回路保護のため
- c　タック溶接など短い間隔でアークを断続的に発生させる作業性確保のため
- d　溶接棒ホルダの絶縁性確保のため

　次の設問【186】〜【190】は溶接ヒュームなどに対する安全衛生について述べている。正しいものを1つ選び，マークシートの解答欄の該当箇所にマークせよ。

【186】溶接ヒュームはどれか。
- a　溶接部に付着した非金属物質
- b　母材や溶接部に付着した金属粒子
- c　溶接金属中に残存した非金属物質
- d　大気中で冷却凝固した鉱物性の微粒子

【187】粉じん障害防止規則に定められている粉じん作業はどれか。
- a　電子ビーム溶接
- b　レーザ溶接
- c　アーク溶接
- d　ガス溶接

【188】ヒュームを多量に吸引すると，慢性症状として現れるのはどれか。
- a　白内障
- b　金属熱
- c　肺結核
- d　じん肺

【189】ヒュームを多量に吸引すると，急性症状として現れるのはどれか。
- a　白内障
- b　金属熱
- c　肺結核
- d　じん肺

【190】屋内の粉じん作業場の清掃の決まりはどれか。
- a　1か月ごとに1回
- b　1週以内ごとに1回
- c　毎日1回以上
- d　使用する直前

　次の設問【191】〜【195】は切断時の安全・衛生について述べている。正しいもの

を一つ選び，マークシートの解答欄の該当箇所にマークせよ。

【191】空気より重い燃料ガスはどれか。
    a   アセチレン
    b   メタン
    c   プロパン
    d   水素

【192】ガス切断で用いられるガスの組合せはどれか。
    a   プロパン＋炭酸ガス
    b   プロパン＋酸素
    c   アルゴン＋炭酸ガス
    d   アルゴン＋酸素

【193】JIS K 6333で規定されているアセチレン用のゴムホースの識別色はどれか。
    a   赤色
    b   青色
    c   緑色
    d   黒色

【194】プロパンと空気の混合物の爆発下限界となる，プロパン濃度（容量%）はどれか。
    a   約1％
    b   約2％
    c   約10%
    d   約20%

【195】板厚25 mmの軟鋼を切断する場合，発生する粉じんが最も多いのはどれか。
    a   ガス切断
    b   プラズマ切断
    c   レーザ切断
    d   ウォータージェット切断

    次の設問【196】〜【200】は各種光線などについて述べている。正しいものを1つ選び，マークシートの解答欄の該当箇所にマークせよ。

【196】アーク溶接用保護面に着けるフィルタプレートで全く遮蔽できないのはどれか。
    a   赤外線
    b   紫外線
    c   可視光線
    d   X線

【197】急性眼炎を最も引き起こしやすい光線はどれか。
    a   赤外線
    b   紫外線
    c   可視光線
    d   X線

【198】溶接電流が100〜300Aのガスシールドアーク溶接で，推奨されるフィルタプレート

の遮光番号はどれか。

a　7～8
b　9～10
c　11～12
d　13～14

【199】レーザ溶接および切断に一般に用いられる光線はどれか。

a　X線
b　紫外線
c　可視光線
d　赤外線

【200】YAGレーザ光が目に入ることにより生じる急性障害はどれか？

a　電気性眼炎
b　白内障
c　網膜炎
d　結膜炎

●2019年6月9日出題　2級試験問題●

解答例

【1】b，【2】d，【3】a，【4】c，【5】d，【6】b，【7】c，【8】b，

【9】b，【10】d，【11】d，【12】c，【13】d，【14】b，【15】a，【16】d，

【17】a，【18】d，【19】a，【20】c，【21】d，【22】c，【23】b，【24】c，

【25】b，【26】c，【27】b，【28】d，【29】b，【30】c，【31】c，【32】b，

【33】c，【34】c，【35】c，【36】b，【37】a，【38】d，【39】c，【40】a，

【41】a，【42】c，【43】c，【44】b，【45】c，【46】a，【47】d，【48】b，

【49】a，【50】d，【51】d，【52】c，【53】b，【54】c，【55】c，【56】b，

【57】d，【58】d，【59】c，【60】b，【61】b，【62】b，【63】a，【64】a，

【65】c，【66】b，【67】c，【68】c，【69】a，【70】c，【71】b，【72】a，

【73】b，【74】c，【75】a，【76】c，【77】a，【78】d，【79】d，【80】b，

【81】c，【82】a，【83】a，【84】b，【85】d，【86】，c，【87】d，【88】c，

【89】c，【90】c，【91】c，【92】a，【93】a，【94】c，【95】c，【96】d，

【97】c，【98】c，【99】c，【100】c，【101】b，【102】a，【103】d，【104】c，

【105】b，【106】c，【107】b，【108】b，【109】c，【110】c，【111】b（解説：のど厚＝サイズ×0.7），【112】c，【113】c（解説：有効のど断面積＝のど厚×有効溶

接長さ），【114】a （解説：すみ肉溶接継手なので許容せん断応力を採用する），【115】b （解説：許容最大荷重＝有効のど断面積 × 許容応力），【116】d，【117】d，【118】a，【119】d，【120】c，【121】c，【122】d，【123】b，【124】d，【125】a，【126】d，【127】a，【128】c，【129】c，【130】d，【131】a，【132】d，【133】a，【134】d，【135】b，【136】c，【137】b，【138】c，【139】b，【140】a，【141】d，【142】c，【143】b，【144】c，【145】c，【146】b，【147】c，【148】b，【149】d，【150】a，【151】d，【152】c，【153】d，【154】b，【155】d，【156】b，【157】d，【158】b，【159】a，【160】d，【161】c，【162】d，【163】b，【164】c，【165】d，【166】c，【167】a，【168】c，【169】b，【170】d，【171】c，【172】c，【173】b，【174】d，【175】d，【176】b，【177】a，【178】d，【179】a，【180】d，【181】b，【182】b，【183】b，【184】b，【185】c，【186】d，【187】c，【188】d，【189】b，【190】c，【191】c，【192】b，【193】a，【194】b，【195】b，【196】d，【197】b，【198】c，【199】d，【200】c

2級試験問題

　次次の設問【1】〜【5】は，各種溶接法について述べている。正しいものを1つ選び，マークシートの解答欄の該当箇所にマークせよ。

【1】溶極式アーク溶接法はどれか。
- a　ミグ溶接
- b　プラズマアーク溶接
- c　エレクトロスラグ溶接
- d　ティグ溶接

【2】非溶極式アーク溶接法はどれか。
- a　ミグ溶接
- b　プラズマアーク溶接
- c　エレクトロガスアーク溶接
- d　サブマージアーク溶接

【3】シールドにフラックスを利用する溶接法はどれか。
- a　ミグ溶接
- b　プラズマアーク溶接
- c　エレクトロガスアーク溶接
- d　サブマージアーク溶接

【4】厚鋼板の高能率立向き溶接法はどれか。
- a　ミグ溶接
- b　プラズマアーク溶接
- c　エレクトロガスアーク溶接
- d　サブマージアーク溶接

【5】キーホールを利用する溶接法はどれか。
- a　スポット溶接
- b　フラッシュ溶接
- c　被覆アーク溶接
- d　プラズマアーク溶接

　次の設問【6】〜【10】は，溶接アーク現象について述べている。正しいものを1つ選び，マークシートの解答欄の該当箇所にマークせよ。

【6】アーク長が長くなるとアーク電圧はどうなるか。
- a　高くなる
- b　低くなる
- c　変わらない

    d　高くなる場合と低くなる場合がある
【7】アークの磁気吹きが最も発生しやすいのはどれか。
    a　直流アーク溶接で継手の中央部
    b　交流アーク溶接で継手の中央部
    c　直流アーク溶接で継手の始終端部
    d　交流アーク溶接で継手の始終端部
【8】アークが冷却され，断面が収縮するのはどれか。
    a　電磁的ピンチ効果
    b　熱的ピンチ効果
    c　自己制御作用
    d　清浄（クリーニング）作用
【9】ワイヤ先端部からの溶滴離脱を促進するのはどれか。
    a　電磁的ピンチ効果
    b　熱的ピンチ効果
    c　自己制御作用
    d　清浄（クリーニング）作用
【10】アーク柱の中心部で生じる軸方向の圧力差によって発生するのはどれか。
    a　磁気吹き
    b　電磁対流
    c　アーク流
    d　プラズマ気流

　次の設問【11】～【15】は，ソリッドワイヤを用いるマグ溶接について述べている。正しいものを1つ選び，マークシートの解答欄の該当箇所にマークせよ。

【11】ワイヤ溶融に寄与する熱はどれか。
    a　ワイヤ径が細い場合はアーク熱のみ
    b　ワイヤ径が太い場合はワイヤ突き出し部での抵抗発熱のみ
    c　ワイヤ径にかかわらずアーク熱のみ
    d　ワイヤ径にかかわらずアーク熱とワイヤ突き出し部での抵抗発熱の両者
【12】ワイヤ送給（供給）速度を遅くすると溶接電流はどうなるか。
    a　減少する
    b　増加する
    c　変化しない
    d　減少する場合と増加する場合がある
【13】シールドガスに100%CO_2を用いた場合の小電流・低電圧域での溶滴移行形態はどれか。
    a　短絡移行
    b　スプレー移行
    c　ドロップ移行
    d　反発移行

【14】シールドガスに80%Ar＋20%CO_2を用いた場合の大電流・高電圧域での溶滴移行形態はどれか。

a　短絡移行
b　スプレー移行
c　ドロップ移行
d　反発移行

【15】大電流・高電圧域でのスパッタ発生が最も少なくなるのはどれか。

a　100%CO_2
b　20%Ar＋80%CO_2
c　50%Ar＋50%CO_2
d　80%Ar＋20%CO_2

次の設問【16】〜【20】は，ティグ溶接について述べている。正しいものを1つ選び，マークシートの解答欄の該当箇所にマークせよ。

【16】アークの起動に用いられる一般的な方法はどれか。

a　電極先端を母材に接触させ，大電流を通電する
b　電極先端を母材に接触させずに，高周波高電圧を加える
c　電極先端と母材との間に，スチールウールを挟んで通電する
d　電極先端とノズルとの間に発生させたパイロットアークを利用する

【17】標準的に用いられるシールドガスはどれか。

a　100%CO_2
b　20%Ar＋80%CO_2
c　80%Ar＋20%CO_2
d　100%Ar

【18】アルミニウム合金を溶接する場合に推奨される，溶接電源の特性と極性の組合せはどれか。

a　垂下特性と交流
b　定電流特性と直流・電極プラス（＋）
c　定電圧特性と直流・電極マイナス（－）
d　定電圧特性と直流・電極プラス（＋）

【19】アルミニウム合金の溶接時に表面酸化皮膜を除去するのはどれか。

a　熱的ピンチ効果
b　電磁的ピンチ効果
c　自己制御作用
d　清浄（クリーニング）作用

【20】ティグ溶接の長所はどれか。

a　溶接速度が速い
b　溶接金属の清浄度が高い
c　シールドガスが安価である
d　溶極式溶接で高能率である

次の設問【21】～【25】は，細径ワイヤを用いるマグ溶接について述べている。正しいものを１つ選び，マークシートの解答欄の該当箇所にマークせよ。

【21】溶接電源の特性はどれか。
　　a　直流定電流特性
　　b　直流定電圧特性
　　c　交流垂下特性
　　d　交流パルス特性

【22】ワイヤの送給制御方式はどれか。
　　a　定速送給制御
　　b　断続送給制御
　　c　アーク電圧フィードバック送給制御
　　d　アーク電流フィードバック送給制御

【23】アーク長を一定に保つ作用はどれか。
　　a　アークの電磁的ピンチ作用
　　b　アークの熱的ピンチ作用
　　c　電源の自己制御作用
　　d　電源のフィードバック制御作用

【24】インバータ制御電源の応答性は，サイリスタ制御電源に比べてどうか。
　　a　遅い
　　b　速い
　　c　同じ
　　d　定格出力によって異なる

【25】インバータ制御電源の大きさと重さは，サイリスタ制御電源に比べてどうか。
　　a　大きく，重い
　　b　小さく，軽い
　　c　小さく，重い
　　d　同じ

次の設問【26】～【30】は，マグ溶接機器の使用について述べている。正しいものを１つ選び，マークシートの解答欄の該当箇所にマークせよ。

【26】遠隔操作箱（リモコン）の設定を一定として，溶接ケーブル30mを使用した場合，アークはどうなるか。
　　a　アーク電圧が低下し，アークは不安定になる
　　b　アーク電圧が上昇し，アークは不安定になる
　　c　アーク電圧が低下し，アークの状態は変わらない
　　d　アーク電圧が上昇し，アークの状態は変わらない

【27】ワイヤの送給性能に大きく影響するはどれか。
　　a　溶接ケーブル
　　b　コンジット（ケーブル）
　　c　ノズル

d　ガスホース

【28】ワイヤ送給装置のローラー溝が磨耗した場合に生じる現象はどれか。

a　ワイヤの座屈
b　ワイヤの断線
c　ワイヤのスリップ
d　ワイヤの変形

【29】許容使用率の正しい式はどれか。

a　（定格入力電流／使用溶接電流）×定格使用率
b　（定格入力電流／使用溶接電流）²×定格使用率
c　（定格出力電流／使用溶接電流）×定格使用率
d　（定格出力電流／使用溶接電流）²×定格使用率

【30】定格出力電流350A，定格使用率60%の溶接機を用いて10分間の連続溶接を行う場合，使用できる最大溶接電流はどれか。（必要であれば$\sqrt{0.6}$=0.8として計算せよ）

a　約160A
b　約220A
c　約280A
d　約320A

　　次の設問【31】〜【35】は，溶接ロボットおよび溶接用センサついて述べている。正しいものを1つ選び，マークシートの解答欄の該当箇所にマークせよ。

【31】コンピュータ画面上でロボットの動作を教えることを何というか。

a　インラインティーチング
b　オンラインティーチング
c　オフラインティーチング
d　コンピュータティーチング

【32】溶接中にカメラを利用するセンサはどれか。

a　光（視覚）センサ
b　アークセンサ
c　ワイヤタッチセンサ
d　加速度センサ

【33】アークセンサの機能はどれか。

a　溶接線を検出する
b　溶接開始位置を認識する
c　アーク発生時間を検出する
d　ワイヤ送給速度を検出する

【34】アークセンサを用いて下向姿勢でマグ溶接をする場合，開先内で溶接トーチを揺動させる方向はどれか。

a　溶接線に垂直な上下方向
b　溶接線に平行な方向
c　溶接線に直角な左右方向
d　任意の方向

【35】アーク溶接ロボットで溶接線検知に用いられないものはどれか。
a　アークセンサ
b　ワイヤタッチセンサ
c　光センサ
d　加速度センサ

　次の設問【36】～【40】は，切断について述べている。正しいものを 1 つ選び，マークシートの解答欄の該当箇所にマークせよ。

【36】ガス切断の主たるエネルギー源はどれか。
a　酸素とアセチレンの反応熱
b　酸素と鉄の反応熱
c　アセチレンと鉄の反応熱
d　酸素とアセチレンの運動エネルギー

【37】プラズマ切断時の作動ガス（プラズマガス）にアルゴンを用いる場合の電極材料はどれか。
a　銅
b　タングステン
c　ハフニウム
d　チタン

【38】プラズマ切断時の作動ガス（プラズマガス）に空気を用いる場合の電極材料はどれか。
a　銅
b　タングステン
c　ハフニウム
d　チタン

【39】光学的エネルギーを用いる切断法はどれか。
a　パウダ切断
b　プラズマ切断
c　レーザ切断
d　ウォータジェット切断

【40】運動（力学的）エネルギーを用いる切断法はどれか。
a　パウダ切断
b　プラズマ切断
c　レーザ切断
d　ウォータジェット切断

　次の設問【41】～【45】は炭素鋼について述べている。正しいものを 1 つ選び，マークシートの解答欄の該当箇所にマークせよ。

【41】低炭素鋼の炭素含有量の範囲はどれか。

a 0.02～0.3%
b 0.02～0.4%
c 0.02～0.5%
d 0.02～0.6%

【42】機械構造用炭素鋼S45Cの数字45は，どの元素の含有量を示すか。

a C
b Si
c Mn
d S

【43】軟鋼を溶融状態から徐冷したときに室温で観察される組織はどれか。

a オーステナイトとフェライト
b パーライトとオーステナイト
c マルテンサイトとオーステナイト
d フェライトとパーライト

【44】炭素鋼におけるパーライトはどのような組織か。

a フェライトとセメンタイトの混合組織
b オーステナイトとフェライトの混合組織
c オーステナイトとセメンタイトの混合組織
d フェライトとマルテンサイトの混合組織

【45】炭素含有量0.2%の鋼を1000℃から徐冷した時の組織変化はどれか。

a フェライト　→　オーステナイト
b オーステナイト　→　フェライト
c フェライト　→　マルテンサイト
d マルテンサイト　→　オーステナイト

次の設問【46】～【50】は熱処理について述べている。正しいものを1つ選び，マークシートの解答欄の該当箇所にマークせよ。

【46】炭素鋼をオーステナイト温度域から水中に入れて急冷したときの室温組織はどれか。

a マルテンサイト
b オーステナイト　＋　パーライト
c フェライト　＋　パーライト
d オーステナイト　＋　フェライト

【47】オーステナイト温度域まで加熱した後，水中で急冷する熱処理の目的はどれか。

a 鋼の硬さや強度を増すため
b 鋼の硬さを低下させ，延性を向上させるため
c 鋼の組織を微細化するため
d 焼入鋼のじん性を向上させるため

【48】焼ならしとは，どのような熱処理か。

a 硬さや強度を増すため，オーステナイト温度域から急冷する処理
b 軟化などを目的に，オーステナイト温度域から炉中で徐冷する処理

c　組織を微細化するために，オーステナイト温度域から空冷する処理
d　600℃程度の温度に再加熱した後，空冷する処理

【49】焼なまし処理した低炭素鋼の室温組織はどれか。

a　マルテンサイト
b　オーステナイト　＋　パーライト
c　フェライト　＋　パーライト
d　オーステナイト　＋　フェライト

【50】加工熱処理（TMCP）とは，どのような処理か。

a　炭化物などの析出物や時効硬化相を固溶させ，急冷する処理
b　ステンレス鋼などで炭素を安定化する目的で行われる処理
c　制御圧延を行い，加速冷却する処理
d　焼入れ後に，常温よりも低い温度に冷却し，その温度で保持する処理

　　次の設問【51】～【55】はJIS鋼材規格について述べている。正しいものを1つ
選び，マークシートの解答欄の該当箇所にマークせよ。

【51】一般構造用圧延鋼材SS400で規定されている元素はどれか。

a　C
b　Si
c　Mn
d　S

【52】じん性の要求値が最も高いのはどれか。

a　SM490A
b　SM490B
c　SM490C
d　SM490YB

【53】板厚方向の絞り値が規定されているのはどれか。

a　SM400B
b　SM400C
c　SN400B
d　SN400C

【54】溶接構造用圧延鋼材SM材には規定がなく，建築構造用圧延鋼材SN材のB種とC種
　　に規定されているのはどれか。

a　硬さ
b　引張強さ
c　炭素量
d　降伏比

【55】SS材およびSM材には規定がなく，SN材のBおよびC種に規定されているのはどれ
　　か。

a　引張強さ
b　シャルピー吸収エネルギー
c　降伏点又は耐力

　　d　炭素当量

　次の設問【56】～【60】は各種鋼材について述べている。正しいものを1つ選び，マークシートの解答欄の該当箇所にマークせよ。

【56】熱間圧延高張力鋼に分類される鋼の基準となる引張強さはどれか。
　　a　390 N/mm² 以上
　　b　490 N/mm² 以上
　　c　590 N/mm² 以上
　　d　690 N/mm² 以上

【57】低温用鋼で特に必要な特性はどれか。
　　a　引張強さ
　　b　絞り
　　c　じん性
　　d　耐食性

【58】低温用として用いられる鋼はどれか。
　　a　高速度鋼
　　b　SS400鋼
　　c　9%Ni鋼
　　d　1Cr-0.5Mo鋼

【59】2.25Cr-1Mo鋼の限界使用温度の目安はどれか。
　　a　200 ℃ 以下
　　b　400 ℃ 以下
　　c　600 ℃ 以下
　　d　800 ℃ 以下

【60】耐候性鋼はどれか。
　　a　海水中で耐食性の高い鋼
　　b　大気中で耐食性の高い鋼
　　c　土中で耐食性の高い鋼
　　d　油中で耐食性の高い鋼

　次の設問【61】～【65】は溶接部のミクロ組織と特性について述べている。正しいものを1つ選び，マークシートの解答欄の該当箇所にマークせよ。

【61】溶接金属について正しい記述はどれか。
　　a　オーステナイト組織である
　　b　母材のミクロ組織と大差ない
　　c　熱影響部のミクロ組織と大差ない
　　d　主に柱状のデンドライト組織である

【62】炭素鋼を低入熱で溶接した場合に生じる問題はどれか。
　　a　熱影響部の硬化
　　b　結晶粒の粗大化

　　c　溶接金属の酸化
　　d　残留オーステナイトの生成

【63】炭素鋼を過大な入熱で溶接した場合に生じる，じん性劣化の原因はどれか。
　　a　熱影響部の硬化
　　b　結晶粒の粗大化
　　c　マルテンサイトの生成
　　d　残留オーステナイトの生成

【64】高張力鋼の溶接熱影響部において粗粒域の硬化原因となる組織はどれか。
　　a　フェライト
　　b　マルテンサイト
　　c　オーステナイト
　　d　セメンタイト

【65】多層溶接と単層溶接の溶接熱影響部の特性を比較したとき，正しい記述はどれか。
　　a　多層溶接の方が一般にじん性に優れる
　　b　多層溶接の方が硬さが高い場合が多い
　　c　多層溶接の方が一般にじん性に劣る
　　d　多層溶接と単層溶接の熱影響部特性には差がない

　　次の設問【66】〜【70】は溶接欠陥と割れについて述べている。正しいものを1つ
選び，マークシートの解答欄の該当箇所にマークせよ。

【66】シールドが不完全となった場合に発生しやすい溶接欠陥はどれか。
　　a　オーバラップ
　　b　アンダカット
　　c　ポロシティ
　　d　ラメラテア

【67】高温割れはどれか。
　　a　クレータ割れ
　　b　止端割れ
　　c　ルート割れ
　　d　ラメラテア

【68】低合金鋼の再熱割れが発生する温度はどの程度か。
　　a　1500℃
　　b　600℃
　　c　300℃
　　d　室温

【69】低温割れが生じる温度域はどれか。
　　a　1250℃以上
　　b　1200℃から1000℃の間
　　c　800℃から500℃の間
　　d　300℃以下

【70】低温割れの防止策として有効でないものはどれか。
- a　溶接入熱の低減
- b　予熱又は直後熱の適用
- c　低炭素鋼の使用
- d　溶接棒の乾燥

次の設問【71】～【75】は溶接材料について述べている。正しいものを1つ選び，マークシートの解答欄の該当箇所にマークせよ。

【71】被覆アーク溶接棒の被覆剤の役割はどれか。
- a　ヒュームを発生する
- b　アークを安定にする
- c　水素ガスを発生する
- d　溶融金属を酸化する

【72】JISの被覆アーク溶接棒E4316の数字43が表すのは何か。
- a　引張強さ
- b　耐力
- c　シャルピー吸収エネルギー
- d　被覆剤の種類

【73】JISの被覆アーク溶接棒E4316の数字16が表すのは何か。
- a　電流範囲
- b　被覆剤の種類
- c　シャルピー吸収エネルギー
- d　作業性

【74】サブマージアーク溶接用溶融フラックスの特徴はどれか。
- a　耐吸湿性が優れている
- b　水にぬれても使用できる
- c　合金元素の添加が容易である
- d　スラグの剥離性が悪い

【75】サブマージアーク溶接用ボンドフラックスの特徴はどれか。
- a　耐吸湿性が優れている
- b　水にぬれても使用できる
- c　合金元素の添加が容易である
- d　高速溶接性に優れている

次の設問【76】～【80】はミグ溶接およびマグ溶接について述べている。正しいものを1つ選び，マークシートの解答欄の該当箇所にマークせよ。

【76】ミグ溶接に使用されるシールドガスはどれか。
- a　炭酸ガス
- b　炭酸ガスとアルゴンの混合ガス

 c　アルゴン
 d　酸素

【77】マグ溶接に使用されるシールドガスはどれか。
 a　窒素
 b　炭酸ガスとアルゴンの混合ガス
 c　アルゴン
 d　酸素

【78】マグ溶接が被覆アーク溶接に比べて，優れているのはどれか。
 a　高温割れが起こりにくい
 b　再熱割れが起こりにくい
 c　低温割れが起こりにくい
 d　アンダカットが生じにくい

【79】490N/mm² 級鋼に推奨される100%CO_2 マグ溶接用ソリッドワイヤはどれか。
 a　YGW11
 b　YGW15
 c　YGW17
 d　YGW19

【80】マグ溶接で，脱酸のために，溶接ワイヤに添加されている元素はどれか。
 a　Cr
 b　Mn
 c　P
 d　N

 次の設問【81】～【85】はステンレス鋼について述べている。正しいものを1つ選び，マークシートの解答欄の該当箇所にマークせよ。

【81】JISの鋼種でオーステナイト系ステンレス鋼はどれか。
 a　SUS304
 b　SUS329J1
 c　SUS410
 d　SUS430

【82】JISの鋼種でフェライト系ステンレス鋼はどれか。
 a　SUS304
 b　SUS329J1
 c　SUS410
 d　SUS430

【83】磁粉探傷試験が適用できないステンレス鋼はどれか。
 a　オーステナイト系ステンレス鋼
 b　フェライト系ステンレス鋼
 c　二相系ステンレス鋼
 d　マルテンサイト系ステンレス鋼

【84】線膨張係数が最も大きいステンレス鋼はどれか。

a　オーステナイト系ステンレス鋼
b　フェライト系ステンレス鋼
c　二相系ステンレス鋼
d　マルテンサイト系ステンレス鋼

【85】ステンレス鋼溶接金属でフェライト量の予測に用いるのはどれか。

a　シェフラ組織図
b　CCT図
c　TTT図
d　S-N線図

　次の設問【86】～【90】は丸棒引張試験で得られる応力-ひずみ曲線について述べている。正しいものを1つ選び，マークシートの解答欄の該当箇所にマークせよ。

【86】曲線1と曲線2の応力－ひずみ曲線の組合せで正しいのはどれか。

a　曲線1：高張力鋼，曲線2：軟鋼
b　曲線1：高張力鋼，曲線2：アルミニウム合金
c　曲線1：軟鋼，曲線2：高張力鋼
d　曲線1：軟鋼，曲線2：純銅

【87】図の点A，A'の応力をそれぞれ何というか。

a　下降伏点，上降伏点
b　比例限，上降伏点
c　弾性限，0.2%耐力
d　上降伏点，0.2%耐力

【88】図の最大荷重点C，C'の応力を何というか。

a　弾性限

　　b　耐久限
　　c　引張強さ
　　d　破断応力

【89】点Bと点Cの応力比を何というか。
　　a　弾性率
　　b　剛性率
　　c　降伏比
　　d　引張応力比

【90】図の点D，D'は破断点を表している。E，E'を何というか。
　　a　弾性ひずみ
　　b　降伏ひずみ
　　c　破断伸び
　　d　絞り

　　次の設問【91】～【95】は溶接継手の強さについて述べている。正しいものを1つ選び，マークシートの解答欄の該当箇所にマークせよ。

【91】溶接継手の静的引張強さの特徴はどれか。
　　a　余盛の影響を受ける
　　b　残留応力の影響を受ける
　　c　余盛と残留応力の影響をともに受ける
　　d　余盛と残留応力の影響をともに受けない

【92】溶接継手の疲れ強さの特徴はどれか。
　　a　残留応力と応力集中の影響をともに受ける
　　b　残留応力の影響は受けない
　　c　応力集中の影響は受けない
　　d　残留応力と応力集中の影響をともに受けない

【93】溶接継手のぜい性破壊強さの特徴はどれか。
　　a　残留応力と応力集中の影響をともに受ける
　　b　残留応力の影響は受けない
　　c　応力集中の影響は受けない
　　d　残留応力と応力集中の影響をともに受けない

【94】溶接部のじん性の特徴はどれか。
　　a　温度が高くなると低下する
　　b　溶接入熱が過大になると低下する
　　c　溶接長が長くなると低下する
　　d　Ni量が多くなると低下する

【95】ぜい性破壊が生じにくい材料選定はどれか。
　　a　破面遷移温度が高く，上部棚エネルギの大きな材料を選定する
　　b　破面遷移温度が高く，上部棚エネルギの小さい材料を選定する
　　c　破面遷移温度が低く，上部棚エネルギの大きな材料を選定する
　　d　破面遷移温度が低く，上部棚エネルギの小さい材料を選定する

　次の設問【96】〜【100】は溶接変形と残留応力について述べている。正しいものを1つ選び，マークシートの解答欄の該当箇所にマークせよ。

【96】突合せ溶接継手で，引張残留応力が最大となる位置と方向はどれか。
　　a　溶接始終端で溶接線方向
　　b　溶接始終端で溶接線直角方向
　　c　溶接継手中央部で溶接線方向
　　d　溶接継手中央部で溶接線直角方向

【97】最大残留応力は材料の降伏応力とどう関係するか。
　　a　降伏応力が大きいと小さくなる
　　b　降伏応力が大きいと大きくなる
　　c　ある降伏応力で最小となる
　　d　降伏応力には無関係

【98】最大残留応力は溶接入熱とどう関係するか。
　　a　入熱が大きいと小さくなる
　　b　入熱が大きいと大きくなる
　　c　ある入熱で最大となる
　　d　溶接入熱には無関係

【99】溶接線直角方向の残留応力に最も関係する溶接変形はどれか。
　　a　縦収縮
　　b　横収縮
　　c　角変形
　　d　縦曲り変形

【100】溶接残留応力の特徴はどれか。
　　a　引張残留応力の合力＞圧縮残留応力の合力
　　b　引張残留応力の合力＝圧縮残留応力の合力
　　c　引張残留応力の合力＜圧縮残留応力の合力
　　d　引張残留応力の合力は圧縮残留応力の合力と無関係である

　次の設問【101】〜【105】はJIS Z 3021溶接記号について述べている。正しいものを1つ選び，マークシートの解答欄の該当箇所にマークせよ。

【101】図Aの溶接記号で表される開先形状はどれか。

図A

【102】図Ｂのすみ肉溶接継手の溶接記号はどれか。

図 B

【103】ルート間隔２mmのＶ形開先で完全溶込み溶接を矢の側から行う溶接記号はどれか。

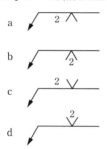

【104】溶接部を機械切削する溶接記号はどれか。
a　C
b　F
c　G
d　M

【105】裏溶接の溶接記号はどれか。

a
b
c
d

　次の設問【106】～【110】は鋼管にスリットを切って鋼板を差し込んで溶接した継手に，引張荷重Ｐが作用する場合の許容最大荷重を算定する手順を記している。正

しいものを１つ選び，マークシートの解答欄の該当箇所にマークせよ。ただし，許容引張応力は140N/mm²，許容せん断応力は80N/mm²で，$1/\sqrt{2} = 0.7$とする。

【106】溶接継手ののど厚は何mmか。

a　約5mm
b　約7mm
c　約10mm
d　約15mm

【107】溶接長さをそのまま有効溶接長さとすると，強度計算に用いる全有効溶接長さは何mmか。

a　200mm
b　400mm
c　600mm
d　800mm

【108】有効のど断面積は何mm²か。

a　約2,000 mm²
b　約4,000 mm²
c　約5,600 mm²
d　約8,000 mm²

【109】この継手で用いる許容応力は何N/mm²か。

a　80 N/mm²
b　110 N/mm²
c　140 N/mm²
d　220 N/mm²

【110】許容最大荷重は何kNか。

a　約160kN
b　約280kN
c　約320kN
d　約560kN

次の設問【111】～【115】は溶接継手設計について述べている。正しいものを１つ選び，マークシートの解答欄の該当箇所にマークせよ。

【111】完全溶込み溶接継手が引張荷重を受ける場合の許容応力はどれか。
a　母材の許容応力と同じ
b　母材の許容応力の約0.9倍
c　母材の許容応力の約0.8倍
d　母材の許容応力の約0.6倍

【112】完全溶込み溶接継手がせん断荷重を受ける場合の許容応力はどれか。
a　母材の許容応力と同じ
b　母材の許容応力の約0.9倍
c　母材の許容応力の約0.8倍
d　母材の許容応力の約0.6倍

【113】すみ肉溶接継手のサイズはどれか。
a　のど厚 $/\sqrt{2}$
b　のど厚 $/\sqrt{3}$
c　のど厚 $\times\sqrt{2}$
d　のど厚 $\times\sqrt{3}$

【114】継手の許容応力を小さくすると高くなるのはどれか。
a　ヤング率
b　安全率
c　使用率
d　継手効率

【115】溶接継手の継手効率とは何か。
a　継手の降伏強さ／母材の降伏強さ
b　継手の引張強さ／母材の引張強さ
c　母材の降伏強さ／継手の降伏強さ
d　母材の引張強さ／継手の引張強さ

次の設問【116】～【120】は品質および品質管理について述べている。正しいものを１つ選び，マークシートの解答欄の該当箇所にマークせよ。

【116】品質マネジメントシステム規格で使用されている用語はどれか。
a　雇用創出
b　継続的改善
c　6シグマ
d　組織改革

【117】品質管理に用いられる図はどれか。
a　CCT図
b　S-N線図
c　ヒストグラム
d　状態図

【118】「溶接管理-任務及び責任」規格はどれか。

a　ISO 3834（JIS Z 3400）
b　ISO 9001（JIS Q 9001）
c　ISO 14731（JIS Z 3410）
d　ISO 15614（JIS Z 3422）

【119】製造の品質はどれか。

a　できばえの品質
b　サービスの品質
c　ねらいの品質
d　検査の品質

【120】品質管理における欧米のアプローチの特徴はどれか。

a　ボトムアップ
b　根回し
c　供給者重視
d　契約

　次の設問【121】～【125】は品質および生産性について述べている。正しいものを1つ選び，マークシートの解答欄の該当箇所にマークせよ。

【121】品質方針を設定するのは誰か。

a　顧客
b　トップマネジメント
c　中間管理者
d　溶接管理技術者

【122】設計図書に最も関係するのはどれか。

a　トレーサビリティ
b　製造のばらつき
c　設備の承認
d　デザインレビュー

【123】工程能力はどれか。

a　量的能力
b　質的能力
c　販売能力
d　購入能力

【124】溶接の生産性を定義する投入（インプット）に該当するのはどれか。

a　溶接機台数
b　生産量
c　溶接長
d　製品個数

【125】溶接の生産性を定義する産出（アウトプット）に該当するのはどれか。

a　溶接機台数
b　溶接材料

 c 溶接長
 d 溶接技能者数

 次の設問【126】〜【130】は溶接施工法について述べている。正しいものを１つ選び，マークシートの解答欄の該当箇所にマークせよ。

【126】pWPSはどれか。
 a 承認前の溶接施工要領書
 b 承認された溶接施工要領書
 c 承認前の溶接施工法承認記録
 d 承認された溶接施工法承認記録

【127】WPQT（WPT）はどれか。
 a 溶接施工法試験
 b 溶接施工法承認記録
 c 溶接施工要領書
 d 溶接検査要領書

【128】標準化された試験材の溶接および試験による溶接施工要領の承認方法はどれか。
 a 製造前溶接試験による承認
 b 溶接施工法試験による承認
 c 承認された溶接材料の使用による承認
 d 過去の溶接実績による承認

【129】溶接施工法承認記録で承認されるのはどれか。
 a 溶接作業者
 b 鋼材の供給メーカ
 c 溶接姿勢
 d 溶接機の形式

【130】マグ溶接で溶接施工法承認を取得した場合，承認される溶接法はどれか。
 a マグ溶接と被覆アーク溶接
 b マグ溶接とミグ溶接
 c マグ溶接とティグ溶接
 d マグ溶接のみ

 次の設問【131】〜【135】は溶接コストおよび溶接に使われる用語について述べている。正しいものを１つ選び，マークシートの解答欄の該当箇所にマークせよ。

【131】溶接コストの構成で正しいのどれか。
 a 溶接材料費と溶接設備使用費
 b 溶接労務費と溶接設備使用費
 c 溶接労務費と溶接材料費
 d 溶接労務費，溶接材料費および溶接設備使用費

【132】溶接コストの低減に最も役立つのはどれか。
 a 開先精度の緩和

b　被覆アーク溶接の適用拡大
c　大ブロック化
d　上向溶接の適用拡大

【133】溶接コストに最も大きく関わるのはどれか。
a　溶接機の許容使用率
b　溶接作業環境
c　溶接施工方法
d　溶接電源容量

【134】溶着速度を示すのはどれか。
a　単位時間当たりの溶着金属量
b　単位時間当たりの溶接材料の消耗量
c　単位時間当たりの溶接長
d　単位継手長さ当たりの溶接材料の消耗量

【135】溶接機の負荷率を示すのはどれか。
a　アーク発生時間の合計÷全作業時間
b　パルス時間÷パルス周期
c　溶接入熱÷投入熱量
d　実作業での平均溶接電流÷溶接機の定格出力電流

　　次の設問【136】〜【140】は溶接入熱および冷却速度について述べている。正しいものを1つ選び，マークシートの解答欄の該当箇所にマークせよ。

【136】溶接入熱の計算に必要なのはどれか。
a　アーク電圧，溶接速度，板厚
b　アーク電圧，溶接速度，溶接電流
c　アーク電圧，溶接電流，板厚
d　溶接電流，溶接速度，板厚

【137】溶接入熱に反比例するのはどれか。
a　アーク電圧
b　溶接速度
c　板厚
d　溶接電流

【138】炭素鋼（板厚25mm）を立向溶接する場合，1パス当りの入熱が最も大きい溶接法はどれか。
a　ティグ溶接
b　被覆アーク溶接
c　マグ溶接
d　エレクトロガスアーク溶接

【139】被覆アーク溶接の溶接金属量は次のどれにほぼ比例するか。
a　溶接入熱の逆数
b　溶接入熱

    c   溶接入熱の平方根
    d   溶接入熱の2乗

【140】溶接入熱が同じ場合，突合せ溶接とT形すみ肉溶接との冷却速度の比較で，正しいのはどれか。
    a   突合せ溶接の冷却速度＞T形すみ肉溶接の冷却速度
    b   突合せ溶接の冷却速度＝T形すみ肉溶接の冷却速度
    c   突合せ溶接の冷却速度＜T形すみ肉溶接の冷却速度
    d   どちらの冷却速度が速いかは，溶接長さに依存する

　次の設問【141】～【145】は加工について述べている。正しいものを1つ選び，マークシートの解答欄の該当箇所にマークせよ。

【141】開先精度管理に含まれないものはどれか。
    a   目違い
    b   ルート間隔
    c   余盛高さ
    d   開先角度

【142】U開先の加工に用いられる方法はどれか。
    a   プラズマ切断
    b   機械切削
    c   ウォータジェット切断
    d   レーザ切断

【143】冷間加工で注意すべきことはどれか。
    a   じん性の劣化
    b   強度の低下
    c   結晶粒の粗大化
    d   高温割れ感受性の増大

【144】$780N/mm^2$級高張力鋼の場合，冷間加工度の限界目安はどれか。
    a   1%
    b   5%
    c   10%
    d   15%

【145】焼戻し温度以下で熱間加工すべき鋼材はどれか。
    a   軟鋼
    b   低炭素鋼
    c   非調質高張力鋼
    d   調質高張力鋼

　次の設問【146】～【150】はガウジングについて述べている。正しいものを1つ選び，マークシートの解答欄の該当箇所にマークせよ。

【146】ガウジングで作るのはどれか。
  a　スカラップ
  b　エンドタブ
  c　裏開先
  d　ストップホール

【147】エアアークガウジングに使用される電極材料はどれか。
  a　炭素
  b　タングステン
  c　低合金鋼
  d　ハフニウム

【148】エアアークガウジングでノズルから噴出させる気体はどれか。
  a　酸素
  b　窒素
  c　水素
  d　空気

【149】エアアークガウジングを用いた裏はつりにおいて，付着して割れを発生させる恐れがあるのはどれか。
  a　プライマ
  b　炭素
  c　油脂
  d　タングステン

【150】エアアークガウジングの代わりに用いられるガウジング法の熱源はどれか。
  a　抵抗発熱
  b　プラズマアーク
  c　電子ビーム
  d　ティグアーク

　次の設問【151】〜【155】は予熱，パス間温度および直後熱について述べている。正しいものを1つ選び，マークシートの解答欄の該当箇所にマークせよ。

【151】予熱の効果はどれか。
  a　スラグはく離性の改善
  b　組織の微細化
  c　鋭敏化の防止
  d　拡散性水素の放出促進

【152】予熱温度を高くすると熱影響部の最高硬さはどうなるか。
  a　低くなる
  b　変わらない
  c　高くなる
  d　低くなる場合と高くなる場合がある

【153】多層溶接で，溶接部のじん性低下を抑制する対策はどれか。
    a   溶接入熱を増やしてパス数を減らす
    b   予熱温度を上げる
    c   直後熱を行う
    d   パス間温度の上限を規定する

【154】直後熱の目的はどれか。
    a   じん性を向上させる
    b   残留応力を緩和させる
    c   低温割れを防止する
    d   強度を向上させる

【155】直後熱の一般的な温度はどれか。
    a   50～100℃
    b   100～150℃
    c   200～350℃
    d   550～650℃

次の設問【156】～【160】は溶接変形について述べている。正しいものを1つ選び，マークシートの解答欄の該当箇所にマークせよ。

【156】溶接変形低減に効果のある溶着法はどれか。
    a   後退法
    b   ブロック法
    c   飛石法
    d   カスケード法

【157】溶接部の角変形を小さくする方法はどれか。
    a   カスケード法
    b   バタリング法
    c   飛石法
    d   逆ひずみ法

【158】ストロングバックで低減できる溶接変形はどれか。
    a   座屈変形
    b   縦収縮
    c   角変形
    d   縦曲り変形

【159】溶接構造物の変形低減に適した溶接順序はどれか。
    a   周辺から中央へ
    b   中央から周辺へ
    c   溶接作業しやすい継手の順
    d   薄板から厚板への順

【160】溶接構造物の変形低減のため，優先して溶接すべき継手はどれか。
    a   収縮量の少ない突合せ継手

b　溶着量の少ない突合せ継手
c　溶着量の多い突合せ継手
d　すみ肉継手

次の設問【161】～【165】は溶接割れについて述べている。正しいものを1つ選び，マークシートの解答欄の該当箇所にマークせよ。

【161】低温割れ発生の3つの主要因子はどれか。
a　拡散性水素，硬化組織，引張応力
b　拡散性水素，硬化組織，圧縮応力
c　拡散性水素，軟化組織，引張応力
d　拡散性水素，軟化組織，圧縮応力

【162】低温割れ防止の観点から選定すべき鋼材はどれか。
a　引張強さの高い鋼材
b　C_{eq}の高い鋼材
c　じん性の低い鋼材
d　P_{CM}の低い鋼材

【163】ラメラテアを防止するために低減する元素はどれか。
a　S
b　Ni
c　O
d　N

【164】梨形（ビード）割れの防止策として有効なのはどれか。
a　開先角度を小さくする
b　開先角度を大きくする
c　余盛を高くする
d　余盛を低くする

【165】オーステナイト系ステンレス鋼の高温割れ防止策はどれか。
a　予熱の実施
b　直後熱の実施
c　溶接後熱処理（PWHT）の実施
d　溶接金属中のフェライト量適正化（5～10%）

次の設問【166】～【170】は溶接部の非破壊試験方法について述べている。正しいものを1つ選び，マークシートの解答欄の該当箇所にマークせよ。

【166】超音波探傷試験と比較した放射線透過試験の利点について述べているのはどれか。
a　管理区域の設定が不要である
b　片面からの試験が可能である
c　他の作業との混在が可能である
d　きずの種類判別に優れている

【167】放射線透過試験でスラグ巻込みはフィルム上でどのように写るか。

 a 周辺に比べて白く写る

 b 周辺に比べて黒く写る

 c 周辺と差がない

 d スラグの厚さによって白又は黒く写る

【168】放射線透過試験で検出困難な欠陥はどれか。

 a ラメラテア

 b ブローホール

 c スラグ巻込み

 d 溶込不良

【169】超音波探傷試験において欠陥の深さ位置を求めるのに必要な情報はどれか。

 a エコー高さ

 b ビーム路程

 c ビーム幅

 d 指示長さ

【170】超音波探傷試験で接触媒質（グリセリン等）を用いる最も大きな理由はどれか。

 a 探触子の摩耗を少なくするため

 b 試験体表面にきずがつかないようにするため

 c 探触子を走査しやすくするため

 d 超音波を効率よく試験体に伝搬させるため

 次の設問【171】〜【175】は溶接部の表面欠陥の非破壊試験方法について述べている。正しいものを1つ選び，マークシートの解答欄の該当箇所にマークせよ。

【171】磁粉探傷試験の記述で，正しいのはどれか。

 a アルミニウムなどの非磁性材料に適用できる

 b きず部で漏洩磁束を生じる

 c 表層部の欠陥は検出できない

 d 指示模様の幅は実際のきずの幅より小さい

【172】極間法による磁粉探傷試験に関する記述で，正しいのはどれか。

 a 磁力線の方向に関係なくきずが検出できる

 b 磁力線の方向に直角なきずを最も検出しやすい

 c 磁力線の方向に平行なきずを最も検出しやすい

 d 磁力線の方向に45度傾斜したきずを最も検出しやすい

【173】浸透探傷試験に関する記述で，正しいのはどれか。

 a 試験材料の温度の影響を受けない

 b 非鉄金属にも適用できる

 c 表面粗さの影響を受けない

 d きずの深さが推定できる

【174】浸透探傷試験で，除去処理の正しい実施時期はどれか。

 a 前処理の後，乾燥処理の前に実施する

b　乾燥処理の後，浸透処理の前に実施する
c　浸透処理の後，現像処理の前に実施する
d　現像処理の後，観察の前に実施する

【175】表面欠陥の検出に用いる試験方法の組合せはどれか。

a　RT，UT，VT
b　MT，VT，PT
c　PT，MT，UT
d　VT，PT，RT

次の設問【176】〜【180】は溶接継手の非破壊試験方法について述べている。正しいものを1つ選び，マークシートの解答欄の該当箇所にマークせよ。

【176】アンダカットの深さの計測に適しているのはどれか。

a　磁粉探傷試験
b　超音波探傷試験
c　放射線透過試験
d　外観試験

【177】タングステン巻込みの検出に適しているのはどれか。

a　磁粉探傷試験
b　浸透探傷試験
c　超音波探傷試験
d　放射線透過試験

【178】高張力鋼のジグ跡の微細な表面割れの検出に適しているのはどれか。

a　磁粉探傷試験
b　超音波探傷試験
c　放射線透過試験
d　外観試験

【179】開先面の融合不良の検出に適しているのはどれか。

a　超音波探傷試験
b　浸透探傷試験
c　磁粉探傷試験
d　放射線透過試験

【180】オーステナイト系ステンレス鋼のピットの検出に適しているのはどれか。

a　超音波探傷試験
b　浸透探傷試験
c　磁粉探傷試験
d　放射線透過試験

次の設問【181】〜【185】はレーザ溶接・切断，ガス切断の安全衛生について述べている。正しいものを1つ選び，マークシートの解答欄の該当箇所にマークせよ。

【181】レーザ光に対する安全対策で正しくないのはどれか。
 a アーク溶接用保護面の使用
 b レーザ溶接用遮蔽めがねの使用
 c 遮光幕の設置
 d 作業区画全体を金属板で覆う

【182】レーザ溶接・切断の安全衛生について正しいものはどれか。
 a レーザ光は直接見ると危険であるが，反射光は安全である
 b レーザ溶接用遮蔽めがねは，レーザの出力と波長に応じて選択する
 c YAGレーザはCO_2レーザより角膜に対する障害が起こりにくい
 d YAGレーザは網膜障害を起こさない

【183】JISで規定されているアルゴン用ガス容器とゴムホースの色はどれか。
 a 容器は緑色，ホースは緑色
 b 容器は黒色，ホースは緑色
 c 容器はねずみ色，ホースは緑色
 d 容器はねずみ色，ホースは青色

【184】次の燃料ガスのうち，空気より重たいため，滞留する危険性のあるのはどれか。
 a プロパン
 b アセチレン
 c 天然ガス
 d 水素

【185】銅と反応して爆発性の化合物を作る燃料ガスはどれか。
 a プロパン
 b アセチレン
 c 天然ガス
 d 水素

　次の設問【186】〜【190】は溶接ヒューム等に対する安全衛生について述べている。正しいものを1つ選び，マークシートの解答欄の該当箇所にマークせよ。

　【186】溶接ヒュームによる障害でないのはどれか。
 a 金属熱
 b 白内障
 c 慢性気管支炎
 d じん肺

【187】粉じん障害防止規則で規定されている粉じん作業に該当するのはどれか。
 a 抵抗スポット溶接
 b 拡散接合
 c 摩擦攪拌溶接
 d マグ溶接

【188】同じ溶接電流で溶接した場合，溶接ヒュームの発生量が最も少ないのはどれか。
 a 被覆アーク溶接

b　パルスマグ溶接
c　ミグ溶接
d　ティグ溶接

【189】溶接した場合，金属熱を最も引き起こしやすい鋼板はどれか。

a　耐候性鋼板
b　亜鉛めっき鋼板
c　低合金鋼板
d　高張力鋼板

【190】溶接ヒュームへの対策で最も効果があるのはどれか。

a　防塵マスクの使用
b　半自動溶接の採用
c　溶接作業場所の全体換気
d　電動ファン付き呼吸用保護具の使用

　　次の設問【191】～【195】はアーク溶接時の安全・衛生について述べている。正しいものを一つ選び，マークシートの解答欄の該当箇所にマークせよ。

【191】ガスの安全性の記述で，間違っているのはどれか。

a　マグ溶接ではアークのごく近傍で一酸化炭素が発生する
b　一酸化炭素は吸入量が増えるにつれて中毒の危険性が増す
c　ティグ溶接では窒素酸化物が多量に発生する
d　狭あいな場所でマグ溶接を長く続けると，酸素不足で危険となる

【192】タンク内など通風が悪い作業環境でマグ溶接を行う場合，欠乏するガスはどれか。

a　アルゴン
b　一酸化炭素
c　二酸化炭素
d　酸素

【193】労働安全衛生法で規定している，高所作業の高さはどれか。

a　1 m以上
b　2 m以上
c　3 m以上
d　5 m以上

【194】電撃防止装置で遅動時間が設定されている理由はどれか。

a　溶接電源の回路保護のため
b　クレータ処理などの作業を円滑に行うため
c　溶接棒ホルダの絶縁性確保のため
d　被覆アーク溶接棒と溶接棒ホルダの絶縁性維持のため

【195】電撃防止装置の遅動時間中に溶接棒ホルダと母材間に生じる電圧はどれか。

a　安全電圧
b　アーク電圧
c　短絡電圧

　　d　溶接機の無負荷電圧

　次の設問【196】～【200】は各種光線などについて述べている。正しいものを１つ選び，マークシートの解答欄の該当箇所にマークせよ。

【196】長時間の赤外線の照射により起こる炎症はどれか。
　　a　光網膜症
　　b　結膜炎
　　c　白内障
　　d　角膜炎

【197】溶接電流が350Ａのマグ溶接で使用する標準のフィルタプレートの遮光度番号はどれか。
　　a　 7 ～ 8
　　b　 9 ～10
　　c　11～12
　　d　13～14

【198】眼に照射されると急性電気性眼炎を起こす光線はどれか。
　　a　赤外線
　　b　可視光線
　　c　紫外線
　　d　Ｘ線

【199】ＹＡＧレーザ光が目に入ると，最もおこりやすい眼の障害はどれか。
　　a　結膜炎
　　b　緑内障
　　c　電気性眼炎
　　d　網膜損傷

【200】溶接アークから発生しないのはどれか。
　　a　赤外線
　　b　可視光線
　　c　紫外線
　　d　Ｘ線

●2018年11月11日出題　２級試験問題●

解答例

【1】a，【2】b，【3】d，【4】c，【5】d，【6】a，【7】c，【8】b，
【9】a，【10】d，【11】d，【12】a，【13】a，【14】b，【15】d，【16】b，
【17】d，【18】a，【19】d，【20】b，【21】b，【22】a，【23】c，【24】b，

【25】b，【26】a，【27】b，【28】c，【29】d，【30】c（解説：10分間の連続溶接時には，許容使用率100％として（JIS C 9300で規定），使用できる最大溶接電流を算出する。最大溶接電流＝$\sqrt{\text{定格使用率}/100}$ ×定格出力電流であるので，280＝$\sqrt{0.6 \times 350\text{A}}$），【31】c，【32】a，【33】a，【34】c，【35】d，【36】b，
【37】b，【38】c，【39】c，【40】d，【41】a，【42】a，【43】d，【44】a，
【45】b，【46】a，【47】a，【48】c，【49】c，【50】c，【51】d，【52】c，
【53】d，【54】d，【55】d，【56】b，【57】c，【58】c，【59】c，【60】b，
【61】d，【62】a，【63】b，【64】b，【65】a，【66】c，【67】a，【68】b，
【69】d，【70】a，【71】b，【72】a，【73】b，【74】a，【75】c，【76】c，
【77】b，【78】c，【79】a，【80】b，【81】a，【82】d，【83】a，【84】a，
【85】a，【86】c，【87】d，【88】c，【89】c，【90】c，【91】d，【92】a，
【93】a，【94】b，【95】c，【96】c，【97】b，【98】d（解説：最大残留応力は材料の室温での降伏応力にほぼ等しく，溶接入熱には無関係），【99】b，【100】b，
【101】d，【102】c，【103】b，【104】d，【105】a，【106】a，【107】d，【108】b，
【109】a，【110】c（解説：許容最大荷重＝有効のど断面積×許容応力），【111】a，
【112】d，【113】c，【114】b，【115】b，【116】b，【117】c，【118】c，【119】a，
【120】d，【121】b，【122】d，【123】b，【124】a，【125】c，【126】a，【127】a，
【128】b，【129】c，【130】d，【131】d，【132】c，【133】c，【134】a，【135】d，
【136】b，【137】b，【138】d，【139】b，【140】c，【141】c，【142】b，【143】a，
【144】b，【145】d，【146】c，【147】a，【148】d，【149】b，【150】b，【151】d，
【152】a，【153】d，【154】c，【155】c，【156】c，【157】d，【158】c，【159】b，
【160】c，【161】a，【162】d，【163】a，【164】b，【165】d，【166】d，【167】b，
【168】a，【169】b，【170】d，【171】b，【172】b，【173】b，【174】c，【175】b，
【176】d，【177】d，【178】a，【179】a，【180】b，【181】a，【182】b，【183】c，
【184】a，【185】b，【186】b，【187】d，【188】d，【189】b，【190】d，【191】c，
【192】d，【193】b，【194】b，【195】d，【196】c，【197】d，【198】c，【199】d，
【200】d

２級試験問題

次の設問【1】〜【5】は，溶接の特徴・用語について述べている。正しいものを
1つ選び，マークシートの解答欄の該当箇所にマークせよ。

【1】 ボルトによる機械的接合法と比較して，アーク溶接による接合法の長所はどれか。
  a 工作に伴う変形や残留応力の発生が少ない。
  b 工作に伴う材料の材質変化が生じにくい。
  c 継手効率が高く，水密性・気密性に優れている。
  d 継手の健全性が目視のみで判定できる。

【2】 ガスシールドアーク溶接に分類されるのはどれか。
  a 被覆アーク溶接
  b サブマージアーク溶接
  c ミグ溶接
  d ガス溶接

【3】 非溶極式アーク溶接に分類されるのはどれか。
  a ミグ溶接
  b プラズマアーク溶接
  c エレクトロガスアーク溶接
  d サブマージアーク溶接

【4】 光エネルギーを加熱に利用した接合方法はどれか。
  a 電子ビーム溶接
  b 拡散接合
  c レーザ溶接
  d 誘導加熱ろう付

【5】 アルミニウム合金の溶接に用いられる非溶極式溶接法はどれか。
  a マグ溶接
  b ミグ溶接
  c ティグ溶接
  d エレクトロガスアーク溶接

次の設問【6】〜【10】は，溶接アークの性質について述べている。正しいものを
1つ選び，マークシートの解答欄の該当箇所にマークせよ。

【6】 アーク電圧を構成する組合せはどれか。
  a アーク柱電圧，アーク長，アーク電流
  b アーク柱電圧，陽極降下電圧，陰極降下電圧
  c アーク長，陽極降下電圧，陰極降下電圧
  d ケーブル降下電圧，陽極降下電圧，陰極降下電圧

【7】 溶接電流が一定の場合，アーク電圧とアーク長の関係はどれか。
　a　ほぼ比例する
　b　ほぼ反比例する
　c　アーク長が変化してもアーク電圧は変化しない
　d　無関係に変化する

【8】 アークの電極軸延長方向に発生しようとする性質は何と呼ばれているか。
　a　アークの硬直性
　b　アークの直進性
　c　アークの慣性
　d　アークの磁気吹き

【9】 アーク柱の中心部で生じる軸方向の圧力差によって発生する流れはどれか。
　a　磁気吹き
　b　電磁対流
　c　プラズマ気流
　d　アーク流

【10】 アークの磁気吹きに最も大きく関係するのはどれか。
　a　アーク電圧
　b　溶接電流
　c　溶接速度
　d　溶接入熱

　次の設問【11】〜【15】は，ソリッドワイヤを用いるガスシールドアーク溶接の溶滴移行形態について述べている。正しいものを1つ選び，マークシートの解答欄の該当箇所にマークせよ。

【11】 シールドガスに混合ガス（80%アルゴン＋20%炭酸ガス）を用いるマグ溶接の小電流，低電圧域での溶滴移行形態はどれか。
　a　スプレー移行
　b　グロビュール移行
　c　短絡移行
　d　爆発移行

【12】 シールドガスに混合ガス（80%アルゴン＋20%炭酸ガス）を用いるマグ溶接の大電流，高電圧域での溶滴移行形態はどれか。
　a　スプレー移行
　b　グロビュール移行
　c　短絡移行
　d　爆発移行

【13】 シールドガスに100%炭酸ガスを用いるマグ溶接の大電流，高電圧域での溶滴移行形態はどれか。
　a　スプレー移行
　b　グロビュール移行
　c　短絡移行
　d　爆発移行

【14】 溶滴がグロビュール移行からスプレー移行に変わる電流値を何というか。
a　短絡電流
b　平均電流
c　定格電流
d　臨界電流

【15】 パルスマグ溶接の溶滴移行形態はどれか。
a　スプレー移行
b　グロビュール移行
c　壁面移行
d　爆発移行

　次の設問【16】～【20】は，ティグ溶接について述べている。正しいものを1つ選び，マークシートの解答欄の該当箇所にマークせよ。

【16】 電極に用いる材料はどれか。
a　銅
b　ハフニウム
c　タングステン
d　アルミニウム

【17】 ティグ溶接に用いる標準的なシールドガスはどれか。
a　酸素
b　炭酸ガス
c　アルゴン
d　アルゴンと酸素の混合ガス

【18】 ティグ溶接の短所はどれか。
a　溶着速度が遅い
b　溶接金属の清浄度が低い
c　スパッタ発生が多い
d　溶着量と入熱を独立に制御できない

【19】 母材に対する入熱制御効果があるのはどれか。
a　高周波パルスティグ溶接
b　中周波パルスティグ溶接
c　低周波パルスティグ溶接
d　電磁波パルスティグ溶接

【20】 ティグアークの最高温度はどの程度か。
a　1,000℃
b　2,000℃
c　5,000℃
d　10,000℃以上

　次の設問【21】～【25】は，切断法について述べている。正しいものを1つ選び，マークシートの解答欄の該当箇所にマークせよ。

【21】極厚鋼板（板厚100mm程度）の切断に最も適したものはどれか。
a　ガス切断
b　プラズマ切断
c　レーザ切断
d　ウォータジェット切断

【22】薄板の高速・精密切断に最も適したものはどれか。
a　ガス切断
b　プラズマ切断
c　レーザ切断
d　ウォータジェット切断

【23】軟鋼のガス切断で，主として利用されるエネルギーはどれか。
a　電気的エネルギー
b　化学的エネルギー
c　力学的エネルギー
d　光学的エネルギー

【24】ステンレス鋼のプラズマ切断で，主として利用されるエネルギーはどれか。
a　電気的エネルギー
b　化学的エネルギー
c　力学的エネルギー
d　光学的エネルギー

【25】セラミックスのウォータジェット切断で，主として利用されるエネルギーはどれか。
a　電気的エネルギー
b　化学的エネルギー
c　力学的エネルギー
d　光学的エネルギー

　次の設問【26】〜【30】は，溶接ロボットおよび溶接用センサについて述べている。正しいものを1つ選び，マークシートの解答欄の該当箇所にマークせよ。

【26】最も多く用いられているアーク溶接ロボットの動作機構はどれか。
a　円筒座標形
b　極座標形
c　多関節形
d　パラレルリンク形

【27】ロボットを動かすことなく，コンピュータ上で動作を教えることを何というか。
a　インラインティーチング
b　オンラインティーチング
c　オフラインティーチング
d　コンピュータティーチング

【28】アーク溶接ロボットに用いられるワイヤタッチセンサの機能はどれか。
a　溶接速度を制御する
b　溶接電流を一定にする

　　c　アーク長を一定にする
　　d　部材位置を検出する

【29】アーク溶接ロボットに用いられるアークセンサの機能はどれか。
　　a　溶接開始位置を認識する
　　b　溶接線を追随する
　　c　ビード幅を一定にする
　　d　電撃を防止する

【30】アークセンサで利用しているものはどれか。
　　a　溶接速度
　　b　ワイヤ送給速度
　　c　溶接電流
　　d　短絡回数

　次の設問【31】～【35】は，材質と溶接電源の特性および極性の一般的な組合せについて述べている。正しいものを1つ選び，マークシートの解答欄の該当箇所にマークせよ。

【31】炭素鋼を被覆アーク溶接する場合の，溶接電源の特性と極性の組合せはどれか。
　　a　定電圧特性と直流・電極プラス（＋）
　　b　定電圧特性と直流・電極マイナス（－）
　　c　上昇特性と交流
　　d　垂下特性と交流

【32】炭素鋼をマグ溶接する場合に多用される，溶接電源の特性と極性の組合せはどれか。
　　a　定電圧特性と直流・電極プラス（＋）
　　b　定電圧特性と直流・電極マイナス（－）
　　c　上昇特性と交流
　　d　垂下特性と交流

【33】ステンレス鋼をティグ溶接する場合の，溶接電源の特性と極性の組合せはどれか。
　　a　定電圧特性と直流・電極プラス（＋）
　　b　定電圧特性と直流・電極マイナス（－）
　　c　定電流特性と直流・電極プラス（＋）
　　d　定電流特性と直流・電極マイナス（－）

【34】ステンレス鋼をマグ溶接する場合の，溶接電源の特性と極性の組合せはどれか。
　　a　定電圧特性と直流・電極プラス（＋）
　　b　定電圧特性と直流・電極マイナス（－）
　　c　垂下特性と交流
　　d　定電流特性と直流・電極マイナス（－）

【35】アルミニウム合金をティグ溶接する場合の，溶接電源の特性と極性の組合せはどれか。
　　a　定電流特性と直流・電極プラス（＋）
　　b　定電流特性と直流・電極マイナス（－）
　　c　垂下特性と交流

d　定電圧特性と直流・電極プラス（＋）

次の設問【36】〜【40】は溶接機器の使用率について述べている。正しいものを1つ選び，マークシートの解答欄の該当箇所にマークせよ。

【36】JIS C 9300-1で定義されている定格使用率はどれか。
　a　定格出力電流を通電した時間の1分間に対する比の百分率
　b　定格出力電流を通電した時間の10分間に対する比の百分率
　c　定格出力電流を通電した時間の30分間に対する比の百分率
　d　定格出力電流を通電した時間の1時間に対する比の百分率

【37】許容使用率の正しい式はどれか。
　a　（定格入力電流／使用溶接電流）×定格使用率
　b　（定格入力電流／使用溶接電流）^{2}×定格使用率
　c　（定格出力電流／使用溶接電流）×定格使用率
　d　（定格出力電流／使用溶接電流）^{2}×定格使用率

【38】定格出力電流300A，定格使用率40％の溶接機で，溶接電流200Aの溶接を行う場合の許容使用率はどれか。
　a　20％
　b　40％
　c　60％
　d　90％

【39】定格出力電流300 A，定格使用率40 ％のアーク溶接機を用いて連続溶接を行う場合，使用できる最大溶接電流はどれか。（必要であれば，$\sqrt{0.4}=0.6$として計算せよ）
　a　120A
　b　180A
　c　200A
　d　300A

【40】定格出力電流400A，定格使用率100％のインバータ制御アーク溶接機についての正しい記述はどれか。
　a　使用率が50％以下であれば，400A以上の溶接電流でも問題なく使用できる
　b　短時間であれば，400 A以上の溶接電流でも溶接機損傷の恐れは全くない
　c　どのような溶接電流値でも，10分以上の溶接には適用できない
　d　溶接電流が400 A以下であれば，10分を超える溶接にも適用できる

次の設問【41】〜【45】は炭素鋼について述べている。正しいものを1つ選び，マークシートの解答欄の該当箇所にマークせよ。

【41】低炭素鋼の炭素含有量の範囲はどれか。
　a　0.7〜1.2％
　b　0.5〜0.7％
　c　0.3〜0.5％
　d　0.02〜0.3％

【42】炭素含有量0.2%の鋼を1000℃に加熱・保持したときに現れる組織は何か。
　a　フェライト
　b　パーライト
　c　オーステナイト
　d　マルテンサイト

【43】炭素含有量0.2%の鋼を1000℃から徐冷したときに室温で観察される組織は何か。
　a　フェライトとパーライト
　b　オーステナイトとセメンタイト
　c　オーステナイトとフェライト
　d　マルテンサイトとオーステナイト

【44】炭素含有量0.2%の鋼を1000℃から水冷したときに室温で観察される組織は何か。
　a　フェライト
　b　パーライト
　c　オーステナイト
　d　マルテンサイト

【45】炭素鋼におけるパーライト組織はどれか。
　a　フェライトとセメンタイトの混合組織
　b　オーステナイトとフェライトの混合組織
　c　オーステナイトとセメンタイトの混合組織
　d　マルテンサイトとフェライトの混合組織

　次の設問【46】〜【50】は鋼の熱処理について述べている。正しいものを1つ選び，マークシートの解答欄の該当箇所にマークせよ。

【46】焼ならしとは，どのような熱処理か。
　a　硬さや強度を増すため，オーステナイト温度域から急冷する処理
　b　軟化などを目的に，オーステナイト温度域から炉中で徐冷する処理
　c　組織を微細化するために，オーステナイト温度域から空冷する処理
　d　600℃程度の温度に再加熱した後，空冷する処理

【47】焼なまし（焼鈍）とは，どのような熱処理か。
　a　硬さや強度を増すため，オーステナイト温度域から急冷する処理
　b　軟化などを目的に，オーステナイト温度域から炉中で徐冷する処理
　c　組織を微細化するために，オーステナイト温度域から空冷する処理
　d　600℃程度の温度に再加熱した後，空冷する処理

【48】焼戻しとは，どのような処理か。
　a　硬さや強度を増すため，オーステナイト温度域から急冷する処理
　b　軟化などを目的に，オーステナイト温度域から炉中で徐冷する処理
　c　組織を微細化するために，オーステナイト温度域から空冷する処理
　d　600℃程度の温度に再加熱した後，空冷する処理

【49】焼入れとは，どのような熱処理か。
　a　硬さや強度を増すため，オーステナイト温度域から急冷する処理
　b　軟化などを目的に，オーステナイト温度域から炉中で徐冷する処理

c　組織を微細化するために，オーステナイト温度域から空冷する処理
d　600℃程度の温度に再加熱した後，空冷する処理

【50】加工熱処理（熱加工制御法）とは，どのような処理か。
a　炭化物などの析出物や時効硬化相を固溶させ，急冷する処理
b　ステンレス鋼などで炭素を安定化する目的で行われる処理
c　圧延温度や圧下量を適正に制御する圧延を行い，加速冷却する処理
d　焼入れ後に，さらに−40℃以下に冷却し，マルテンサイトにする処理

　次の設問【51】〜【55】は鋼材規格について述べている。正しいものを1つ選び，マークシートの解答欄の該当箇所にマークせよ。

【51】一般構造用圧延鋼材SS400などで，記号のあとに続く数字が表すものはどれか。
a　疲れ強さ
b　降伏点または耐力
c　引張強さ
d　硬さ

【52】一般構造用圧延鋼材SS400の化学成分の規定として，正しいものはどれか。
a　炭素当量（C_{eq}）の範囲が規定されている
b　溶接割れ感受性組成（P_{CM}）の上限値が規定されている
c　PおよびS量の上限値が規定されている
d　化学成分についての規定はない

【53】板厚方向の最小絞り値が規定されている鋼材はどれか。
a　SS400
b　SM400B
c　SM400C
d　SN400C

【54】建築構造用圧延鋼材SN400Cは降伏比をどのように規定しているか。
a　0.6以下
b　0.6以上
c　0.8以下
d　0.8以上

【55】SS材およびSM材には規定がなく，SN材B種およびC種に規定されているのはどれか。
a　引張強さ
b　伸び
c　降伏点または耐力
d　炭素当量

　次の設問【56】〜【60】は各種鋼材について述べている。正しいものを1つ選び，マークシートの解答欄の該当箇所にマークせよ。

【56】TMCP鋼の製造法はどれか。
a　調質処理
b　熱間圧延

   c 熱加工制御圧延
   d 冷間圧延

【57】TMCP鋼が同じ強度レベルの非調質高張力鋼と比較して優れている特性はどれか。
   a 耐高温割れ性
   b 耐低温割れ性
   c クリープ特性
   d 耐応力腐食割れ性

【58】低温用鋼で特に重視される特性はどれか。
   a 引張強さ
   b 絞り
   c 切欠きじん性
   d 耐食性

【59】低温用鋼はどれか。
   a 高速度鋼
   b マルテンサイト系ステンレス鋼
   c 9％Ni鋼
   d 2.25Cr-1Mo鋼

【60】高温用鋼で特に重視される特性はどれか。
   a 制振性
   b 座屈強度
   c クリープ強度
   d 破断伸び

　次の設問【61】～【65】は炭素鋼の溶接熱影響部について述べている。正しいものを1つ選び，マークシートの解答欄の該当箇所にマークせよ。

【61】炭素鋼の溶接影響部で，最も低じん性な領域はどれか。
   a 粗粒域
   b 混合域
   c 細粒域
   d 球状パーライト域（二相域）

【62】溶接熱影響部の最高硬さの推定に用いられるものはどれか。
   a 炭素当量
   b クロム当量
   c ニッケル当量
   d 化学当量

【63】溶接熱影響部の硬さに最も影響する組合せはどれか。
   a 炭素量と加熱速度
   b 炭素量と冷却速度
   c 水素量と冷却速度
   d 水素量と拘束度

【64】炭素鋼の溶接熱影響部の結晶粒粗大化防止に有効な方法はどれか。

 a　溶接入熱を下げる
 b　パス間温度を上げる
 c　予熱温度を上げる
 d　PWHTを行う

【65】多層溶接と単層溶接の溶接熱影響部の特徴で，正しい記述はどれか。
 a　多層溶接の方が一般に切欠きじん性に優れる
 b　多層溶接の方が一般に切欠きじん性に劣る
 c　多層溶接の方が一般に硬さが高い
 d　両者で硬さには差がない

 次の設問【66】～【70】は溶接欠陥について述べている。正しいものを1つ選び，マークシートの解答欄の該当箇所にマークせよ。

【66】ビード表面に開口した欠陥はどれか。
 a　ピット
 b　スラグ巻込み
 c　ブローホール
 d　ラメラテア

【67】シールドが不完全となった場合に発生しやすいのはどれか。
 a　オーバラップ
 b　アンダカット
 c　ブローホール
 d　ラメラテア

【68】低温割れの発生について正しいのはどれか。
 a　溶接中に生じる
 b　溶接後熱処理中に生じる
 c　溶接後，数分～数日たってから生じる
 d　溶接後，1年以上たってから生じる

【69】低温割れに最も影響する元素はどれか。
 a　C
 b　Si
 c　Mn
 d　Al

【70】再熱割れが生じる時期はいつか。
 a　予熱処理時
 b　焼入れ処理時
 c　直後熱処理時
 d　溶接後熱処理時

 次の設問【71】～【75】は溶接材料について述べている。正しいものを1つ選び，マークシートの解答欄の該当箇所にマークせよ。

【71】被覆アーク溶接棒の被覆剤の役割はどれか。

a　ヒュームの発生を容易にする
b　アークの維持を容易にする
c　水素ガスの発生を容易にする
d　溶接金属の酸化を容易にする

【72】イルミナイト系被覆アーク溶接棒の特徴はどれか。
a　溶込みが浅く，薄板溶接用として優れている
b　溶着速度が大きく，高能率溶接が可能である
c　耐低温割れ性に優れている
d　溶込みが深く，ブローホールの発生が少ない

【73】低水素系被覆アーク溶接棒を使用する際の注意点はどれか。
a　一度吸湿した溶接棒は，再乾燥しても水素量が高くなるので廃棄する
b　水素割れが発生しないので，予熱は不要である
c　アーク長はできるだけ長くし，ウィービングの幅は棒径の 3 ～ 5 倍程度とする
d　使用前に 300～400℃で乾燥する

【74】サブマージアーク溶接用のボンドフラックスの特徴はどれか。
a　耐吸湿性が優れている
b　低速溶接にも高速溶接にも適している
c　合金元素の添加が容易である
d　溶接金属の切欠きじん性が低い

【75】サブマージアーク溶接用の溶融フラックスの特徴はどれか。
a　耐吸湿性が優れている
b　溶融塩の添加が容易である
c　合金元素の添加が容易である
d　スラグの剥離性が悪い

　　次の設問【76】～【80】はミグ溶接およびマグ溶接について述べている。正しいものを 1 つ選び，マークシートの解答欄の該当箇所にマークせよ。

【76】ミグ溶接に使用されるシールドガスはどれか。
a　炭酸ガス
b　炭酸ガスとアルゴンの混合ガス
c　アルゴン
d　アルゴンと窒素の混合ガス

【77】マグ溶接に使用されるシールドガスはどれか。
a　ヘリウム
b　炭酸ガスとアルゴンの混合ガス
c　アルゴン
d　窒素

【78】マグ溶接用ソリッドワイヤで，被覆アーク溶接棒の心線と比較して，添加量が多い元素はどれか。
a　SiとMn
b　SiとNi

c　MnとS
d　PとS

【79】マグ溶接が適用できる金属材料はどれか。

a　高張力鋼
b　アルミニウム合金
c　マグネシウム合金
d　チタン合金

【80】100%炭酸ガスのシールドガス用の溶接ワイヤを用いて，80%アルゴン＋20%炭酸ガスのシールドガス中で溶接した場合，溶接金属にどのようなことが起こるか。

a　Si, Mnが減り，強度が低下する
b　Si, Mnが減り，強度が増加する
c　Si, Mnが増え，強度が低下する
d　Si, Mnが増え，強度が増加する

　次の設問【81】～【85】はステンレス鋼について述べている。正しいものを１つ選び，マークシートの解答欄 の該当箇所にマークせよ。

【81】JIS規格の鋼種でオーステナイト系ステンレス鋼はどれか。

a　SUS410
b　SUS430
c　SUS304
d　SUS329J1

【82】オーステナイト系ステンレス鋼の溶接で生じやすい割れはどれか。

a　凝固割れ
b　ラメラテア
c　ビード下割れ
d　低温割れ

【83】JIS規格の鋼種でフェライト系ステンレス鋼はどれか。

a　SUS410
b　SUS430
c　SUS304
d　SUS329J1

【84】マルテンサイト系ステンレス鋼で正しいのはどれか。

a　焼入れ硬化性がある
b　磁粉探傷試験が適用できない
c　炭素鋼に比べ線膨張係数が大きい
d　炭素鋼に比べ比重が大きい

【85】熱膨張係数が最も大きいステンレス鋼はどれか。

a　オーステナイト系ステンレス鋼
b　フェライト系ステンレス鋼
c　マルテンサイト系ステンレス鋼
d　二相系ステンレス鋼

次の設問【86】～【90】は材料力学の基礎について述べている。 正しいものを１つ選び，マークシートの解答欄の該当箇所にマークせよ。

【86】丸棒引張試験において，最大荷重点の応力を何というか。
  a 降伏応力
  b 0.2％耐力
  c 引張強さ
  d 破断応力

【87】丸棒引張試験において，20mmの標点距離が伸びて22mmになったときのひずみはいくらか。
  a 0.1％
  b ２％
  c 10％
  d 20％

【88】丸棒引張試験において，破断時の公称ひずみを何というか。
  a 降伏ひずみ
  b 永久ひずみ
  c 絞り
  d 破断伸び

【89】矩形断面はりが曲げを受けるとき，はり断面内で曲げ応力（絶対値）が最大になる位置はどこか。
  a はり高さの中央
  b はり高さの1/4の位置
  c はりの上下面
  d はり断面内で曲げ応力は一様

【90】矩形断面はりが曲げを受けるとき，はり断面内で曲げ応力がゼロになる位置はどこか。
  a はり高さの中央
  b はり高さの1/4の位置
  c はりの上下面
  d はり断面内で曲げ応力は一様

次の設問【91】～【95】は鋼材の損傷の特徴について述べている。正しいものを１つ選び，マークシートの解答欄の該当箇所にマークせよ。

【91】引張荷重下で特定の材料と環境の組合せで起こり，電気化学的反応でピットが形成されて進展するのはどれか。
  a ぜい性破壊
  b 延性破壊
  c クリープ破壊
  d 応力腐食割れ

【92】繰返し荷重下で起こり，破面は平坦で塑性変形はほとんどなく，ビーチマークがみられるのはどれか。

a　ぜい性破壊
b　延性破壊
c　疲労破壊
d　応力腐食割れ

【93】引張荷重下で起こり，粗々しい破面で塑性変形はほとんどなく，シェブロンパターンがみられるのはどれか。
a　ぜい性破壊
b　延性破壊
c　疲労破壊
d　応力腐食割れ

【94】大きな塑性変形を伴い，破壊に要するエネルギーが大きいのはどれか。
a　ぜい性破壊
b　延性破壊
c　疲労破壊
d　クリープ破壊

【95】高温環境の一定荷重下で変形が進行して破断に至るのはどれか。
a　応力腐食割れ
b　延性破壊
c　疲労破壊
d　クリープ破壊

次の設問【96】〜【100】は溶接変形と残留応力について述べている。正しいものを1つ選び，マークシートの解答欄の該当箇所にマークせよ。

【96】平板突合せ溶接継手では，最大残留応力はどの方向に生じるか。
a　溶接線方向
b　溶接線直角方向
c　溶接線から45度傾いた方向
d　板厚方向

【97】溶接残留応力の最大値は材料の降伏応力とどのように関係するか。
a　降伏応力が大きいと小さくなる
b　降伏応力が大きいと大きくなる
c　降伏応力が小さいと大きくなる
d　降伏応力とは無関係である

【98】最大残留応力は溶接入熱とどう関係するか。
a　入熱が大きいと大きくなる
b　入熱が大きいと小さくなる
c　ある入熱で最大値をとる
d　溶接入熱には無関係

【99】溶接線方向の残留応力の発生に最も関係する溶接変形はどれか。
a　縦収縮
b　横収縮

　　c　角変形
　　d　回転変形

【100】 疲労強度に大きな影響を与える溶接変形はどれか。
　　a　縦収縮
　　b　横収縮
　　c　角変形
　　d　回転変形

　　次の設問【101】～【105】はJIS Z 3021 溶接記号について述べている。正しいものを1つ選び，マークシートの解答欄の該当箇所にマークせよ。

【101】 図Aの溶接記号で表される開先形状はどれか。

図A

【102】 図Bの溶接記号 ⌒ は何を表しているか。
　　a　裏波溶接をする
　　b　裏当て金をつける
　　c　裏ビードをおく
　　d　裏はつりを行う

図B

【103】 図Bの溶接記号 ▶ は何を表しているか。
　　a　全周工場溶接
　　b　断続工場溶接
　　c　全周現場溶接
　　d　断続現場溶接

【104】 図Bの溶接記号Gは何を表しているか。
　　a　余盛を切削して平らに仕上げる。
　　b　余盛を研削して平らに仕上げる。
　　c　余盛をチッピング（はつり）で平らに仕上げる。
　　d　余盛を研磨して平らに仕上げる。

【105】 図Bの非破壊試験方法はどれか。

  a　鋼管内部線源の放射線透過試験
  b　鋼管外部線源の放射線透過試験
  c　鋼管内部からの超音波探傷試験
  d　鋼管外部からの超音波探傷試験

　次の設問【106】～【110】に示される溶接継手の有効断面積はいくらか。正しいものを1つ選び，マークシートの解答欄の該当箇所にマークせよ。ただし，$1/\sqrt{2}=0.7$とする。

【106】 溶接線が荷重方向から 45° 傾いた完全溶込み突合せ溶接継手。

  a　1,000mm^2
  b　1,400mm^2
  c　2,000mm^2
  d　2,800mm^2

【107】 板厚の異なる平板の完全溶込み突合せ溶接継手。

  a　2,000mm^2
  b　2,600mm^2
  c　3,200mm^2
  d　3,800mm^2

【108】 部分溶込み突合せ溶接継手。

  a　1,200mm^2
  b　2,400mm^2
  c　2,800mm^2
  d　3,200mm^2

【109】 部分溶込み T 形突合せ溶接継手（手溶接で，鋼構造設計規準による）。

  a　2,400mm^2
  b　2,700mm^2
  c　3,000mm^2
  d　4,000mm^2

【110】 T 形すみ肉溶接継手（不等脚長）

    a　700mm^2
    b　1,000mm^2
    c　1,400mm^2
    d　2,000mm^2

　　次の設問【111】〜【115】は溶接継手設計について述べている。正しいものを1つ選び，マークシートの解答欄の該当箇所にマークせよ。

【111】 角変形が最も少ない開先形状はどれか。
    a　レ形開先
    b　V形開先
    c　I 形開先
    d　J形開先

【112】 開先溶接と比較したすみ肉溶接の利点はどれか。
    a　繰返し荷重に強い
    b　衝撃荷重に強い
    c　応力集中が小さい
    d　部材の形状保持が容易である

【113】 静的荷重を受ける場合，溶接継手の許容応力は母材の許容応力と比べてどうか。
    a　高い
    b　同じ
    c　低い
    d　母材の許容応力とは無関係

【114】 繰返し荷重を受ける場合，許容応力は静的荷重を受ける場合に比べてどうか。
    a　高い

b 同じ
c 低い
d 許容応力は荷重の性質とは無関係

【115】 せん断荷重に対する許容応力はどれか。

a 引張荷重に対する許容応力と同じ
b 引張荷重に対する許容応力の約0.8倍
c 引張荷重に対する許容応力の約0.7倍
d 引張荷重に対する許容応力の約0.6倍

次の設問【116】～【120】は品質および品質管理について述べている。正しいものを1つ選び，マークシートの解答欄の該当箇所にマークせよ。

【116】 デミングらが提唱したのはどれか。

a 要員認証システム
b トレーサビリティ
c 溶接管理システム
d PDCAサイクル（サークル）

【117】 品質管理に用いられる図はどれか。

a ヒストグラム
b CCT図
c S-N線図
d 状態図

【118】 ISO 3834（JIS Z 3400）は何を定めた規格か。

a 品質マネジメントシステム
b 溶接管理－任務及び責任
c 溶接の品質要求事項（金属材料の融接に関する品質要求事項）
d 金属材料の溶接施工要領及びその承認－一般原則

【119】 ISO 14731（JIS Z 3410）は何を定めた規格か。

a 品質マネジメントシステム
b 溶接管理－任務及び責任
c 溶接の品質要求事項（金属材料の融接に関する品質要求事項）
d 金属材料の溶接施工要領及びその承認－一般原則

【120】 溶接の妥当性再確認に関するものはどれか。

a 非破壊試験成績書の保管
b 作業指示書の作成
c 製造時溶接試験の実施
d 溶接技能者の資格認証

次の設問【121】～【125】は品質および生産性について述べている。正しいものを1つ選び，マークシートの解答欄の該当箇所にマークせよ。

【121】 設計部門が決める品質はどれか。

a 設計の品質，および，できばえの品質
b 設計の品質，および，ねらいの品質

  c　製造の品質，および，できばえの品質
  d　製造の品質，および，ねらいの品質

【122】 設計図書に最も関係するのはどれか。
  a　トレーサビリティ
  b　設備の承認
  c　デザインレビュー
  d　製造のばらつき

【123】 工程能力はどれか。
  a　量的能力
  b　購入能力
  c　質的能力
  d　販売能力

【124】 溶接の生産性を定義する投入（インプット）に該当するのはどれか。
  a　溶接機台数
  b　製品個数
  c　生産量
  d　溶接長

【125】 溶接の生産性を定義する産出（アウトプット）に該当するのはどれか。
  a　溶接機台数
  b　溶接材料
  c　溶接技能者数
  d　溶接長

　次の設問 【126】～【130】 は溶接管理技術者の任務について述べている。正しいものを１つ選び，マークシートの解答欄の該当箇所にマークせよ。

【126】 溶接施工要領の策定において，製造品質面で考慮すべきものはどれか。
  a　鋼材選定
  b　立会検査員選定
  c　溶接作業管理
  d　溶接技能者育成計画

【127】 材料管理に関わる任務はどれか。
  a　溶接継手の非破壊検査
  b　母材部の品質及び合否判定基準の決定
  c　溶接施工法の承認取得
  d　切断部材の識別管理

【128】 生産計画の立案に関わる任務はどれか。
  a　構造設計強度のレビュー
  b　溶接順序の決定
  c　補修位置の確認
  d　作業記録の作成

【129】 試験・検査に関わる任務はどれか。
  a　溶接継手位置の決定

b　溶接技能者の教育
c　溶接作業指示書の発行
d　溶接変形矯正方法の決定

【130】 溶接結果の評価に関わる任務はどれか。

a　溶接補修の要否判断
b　溶接順序の決定
c　非破壊検査記録の作成
d　寸法記録の作成

　次の設問【131】〜【135】は溶接施工要領について述べている。 正しいものを1つ選び，マークシートの解答欄の該当箇所にマークせよ。

【131】 溶接施工法試験を示すのはどれか。

a　WPT（Welding Procedure Test）
b　WPQR（Welding Procedure Qualification Record）
c　pWPS（preliminary Welding Procedure Specification）
d　WPS（Welding Procedure Specification）

【132】 溶接施工要領書に記載すべきものはどれか。

a　材料の板厚
b　試験片の採取要領
c　溶接コスト
d　溶接技能者名

【133】 鋼の突合せ溶接（完全溶込み）の溶接施工法試験で必ず要求される試験はどれか。

a　衝撃試験
b　溶接金属引張試験
c　継手引張試験
d　疲労試験

【134】 溶接施工法承認記録で承認されるのはどれか。

a　溶接作業者
b　鋼材の供給メーカ
c　溶接姿勢
d　溶接機の形式

【135】 溶接確認項目（エッセンシャルバリアブル）とは何か。

a　過去の溶接実績
b　客先承認項目
c　溶接設計に必要な項目
d　溶接継手の品質に影響を与える項目

　次の設問【136】〜【140】は溶接棒の管理について述べている。正しいものを1つ選び，マークシートの解答欄の該当箇所にマークせよ。

【136】 低水素系被覆アーク溶接棒を乾燥させる主目的はどれか。

a　低温割れの防止

    b　高温割れの防止
    c　溶込不良の防止
    d　ヒュームの低減

【137】低水素系被覆アーク溶接棒の乾燥温度はどれか。
    a　50〜100℃
    b　150〜200℃
    c　300〜400℃
    d　500〜600℃

【138】低水素系被覆アーク溶接棒の乾燥時間はどれか。
    a　5〜10分
    b　30〜60分
    c　100〜150分
    d　200〜300分

【139】低水素系被覆アーク溶接棒の乾燥後に使用する保管容器の標準的な温度はどれか。
    a　50〜100℃
    b　100〜150℃
    c　150〜250℃
    d　250〜350℃

【140】高張力鋼用低水素系被覆アーク溶接棒の大気中での標準的な許容放置時間はどれか。
    a　2時間
    b　5時間
    c　10時間
    d　20時間

　次の設問【141】〜【145】は鋼溶接時の予熱について述べている。正しいものを1つ選び，マークシートの解答欄の該当箇所にマークせよ。

【141】予熱の目的はどれか。
    a　スラグはく離性改善
    b　低温割れ防止
    c　残留応力低減
    d　高温割れ防止

【142】予熱の効果はどれか。
    a　溶接熱影響部の硬化
    b　溶接部の急冷
    c　組織の微細化
    d　拡散性水素の放出促進

【143】予熱温度の決定に関係しないのはどれか。
    a　溶接電源の外部特性
    b　母材の化学成分（組成）
    c　溶接法
    d　継手の拘束度

【144】 必要な予熱範囲はどれか。

a 開先内部のみ
b 開先を挟んで片側あたり 20〜50mm
c 開先を挟んで片側あたり 50〜100mm
d 開先を挟んで片側あたり 100〜200mm

【145】 1.25Cr-0.5Mo鋼の標準的な予熱温度はどれか。

a 0〜50℃
b 50〜100℃
c 150〜300℃
d 350〜450℃

次の設問【146】〜【150】はマグ溶接について述べている。正しいものを1つ選び，マークシートの解答欄の該当箇所にマークせよ。

【146】 被覆アーク溶接と比較して，マグ溶接の特徴はどれか。

a 電流密度が低く，溶着速度が遅い
b 電流密度が低く，溶着速度が速い
c 電流密度が高く，溶着速度が遅い
d 電流密度が高く，溶着速度が速い

【147】 被覆アーク溶接と比較して，マグ溶接のパス数と角変形はどうなるか。

a パス数が多く，角変形は小さくなる
b パス数が多く，角変形は大きくなる
c パス数が少なく，角変形は小さくなる
d パス数が少なく，角変形は大きくなる

【148】 JASS 6鉄骨工事の規定で，防風対策が必要な風速の最小値はどれか。

a 1m/秒
b 2m/秒
c 5m/秒
d 10m/秒

【149】 溶接電流・溶接速度を一定にして，アーク電圧を高くするとどうなるか。

a ビード幅は狭く，余盛が低くなる
b ビード幅は狭く，余盛が高くなる
c ビード幅は広く，余盛が低くなる
d ビード幅は広く，余盛が高くなる

【150】 マグ溶接で生じやすい割れはどれか。

a なし形（ビード）割れ
b 再熱割れ
c 低温割れ
d ラメラテア

次の設問【151】〜【155】はPWHT（溶接後熱処理）について述べている。正しいものを1つ選び，マークシートの解答欄の該当箇所にマークせよ。

【151】PWHTの目的はどれか。
  a　再熱割れ防止
  b　高温割れ防止
  c　継手強度向上
  d　残留応力低減

【152】PWHTで生じる割れはどれか。
  a　低温割れ
  b　高温割れ
  c　再熱割れ
  d　ラメラテア

【153】PWHT（JIS Z 3700）において，鋼材（母材）の種類により決まるのはどれか。
  a　炉入れ・炉から取出し時の炉内温度
  b　最小保持時間
  c　保持時間中の被加熱部全体にわたる温度差
  d　最低保持温度

【154】PWHT（JIS Z 3700）において，板厚により決まるのはどれか。
  a　炉入れ・炉から取出し時の炉内温度
  b　最小保持時間
  c　保持時間中の被加熱部全体にわたる温度差
  d　最低保持温度

【155】PWHTが通常要求される材料はどれか。
  a　Cr-Mo鋼
  b　5083アルミニウム合金
  c　SUS304ステンレス鋼
  d　SUS316ステンレス鋼

　次の設問【156】〜【160】は溶接変形の低減について述べている。正しいものを1つ選び，マークシートの解答欄の該当箇所にマークせよ。

【156】溶接による収縮量をあらかじめ見込んで，溶接部材寸法を大きくする処置はどれか。
  a　ならい
  b　溶接残し
  c　伸ばし
  d　角まわし

【157】溶接による角変形を小さくする方法はどれか。
  a　カスケード法
  b　バタリング法
  c　飛石法
  d　逆ひずみ法

【158】突合せ継手で横収縮を低減させる方法はどれか。
  a　開先断面積を小さくする
  b　開先角度を大きくする

　　c　目違い修正ピースを用いる
　　d　スカラップを用いる

【159】 ストロングバックで防止できる溶接変形はどれか。
　　a　座屈変形
　　b　縦収縮
　　c　角変形
　　d　縦曲り変形

【160】 溶接変形の矯正に用いられる方法はどれか。
　　a　PWHT（溶接後熱処理）
　　b　線状加熱
　　c　テンパビード法
　　d　直後熱

　　次の設問【161】〜【165】は高張力鋼の補修溶接について述べている。正しいもの
を1つ選び，マークシートの解答欄の該当箇所にマークせよ。

【161】 補修溶接時に最も留意すべきものはどれか。
　　a　溶着量
　　b　溶接速度
　　c　拡散性水素量
　　d　アーク長

【162】 割れの前方に開ける孔はどれか。
　　a　スカラップ
　　b　ドレンホール
　　c　ストップホール
　　d　エアホール

【163】 直線状に置いたビードを何と呼ぶか。
　　a　ウィービングビード
　　b　テンパビード
　　c　ハーフビード
　　d　ストリンガビード

【164】 補修溶接ビードの最小長さはどれか。
　　a　15mm
　　b　50mm
　　c　150mm
　　d　300mm

【165】 溶接後熱処理ができない場合の溶接法はどれか。
　　a　バックステップ法
　　b　ブロック法
　　c　ストリンガビード法
　　d　テンパビード法

次の設問【166】～【170】は溶接継手の非破壊試験方法について述べている。正しいものを1つ選び，マークシートの解答欄の該当箇所にマークせよ。

【166】 最初に実施する試験方法はどれか。

  a 目視試験
  b 超音波探傷試験
  c 浸透探傷試験
  d 放射線透過試験

【167】 融合不良を検出する試験方法はどれか。

  a 磁粉探傷試験
  b 超音波探傷試験
  c 浸透探傷試験
  d 放射線透過試験

【168】 高張力鋼溶接部の微細な表面割れの検出に適している試験方法はどれか

  a 水洗性浸透液を用いた浸透探傷試験
  b 溶剤除去性浸透液を用いた浸透探傷試験
  c プロッド法を用いた磁粉探傷試験
  d 極間法を用いた磁粉探傷試験

【169】 母材のラメラテアの検出に適している試験方法はどれか。

  a 超音波探傷試験
  b 浸透探傷試験
  c 磁粉探傷試験
  d 放射線透過試験

【170】 表面欠陥と内部欠陥を検出する試験方法の組み合わせはどれか。

  a RT と UT
  b PT と UT
  c VT と MT
  d MT と PT

次の設問【171】～【175】は溶接部表面の非破壊試験について述べている。正しいものを1つ選び，マークシートの解答欄の該当箇所にマークせよ。

【171】 磁粉探傷試験が適用できない材料はどれか。

  a SM490
  b SUS316
  c S45C
  d SN400

【172】 プロッド法による磁粉探傷試験について正しいのはどれか。

  a 電流と平行に磁束が発生する
  b 2つの電極を結んだ方向に平行なきずの検出が容易である
  c 2つの電極を結んだ方向に直角なきずの検出が容易である
  d 蛍光磁粉には適用できない

【173】 速乾式現像法による溶剤除去性浸透探傷試験について正しいのはどれか。

a　溶剤洗浄により前処理した場合は直後の乾燥処理を省略することができる
b　浸透時間は短い方が良い
c　除去処理では洗浄液を直接吹き付けないようにする
d　除去処理では洗浄液を直接吹き付けて洗い流す

【174】浸透探傷試験で検出できない欠陥はどれか。
a　ピット
b　スラグ巻込み
c　アンダカット
d　クレータ割れ

【175】蛍光磁粉を用いる磁粉探傷試験で観察に用いる機材はどれか。
a　白色灯
b　蛍光灯
c　赤外線照射灯
d　紫外線照射灯

　次の設問【176】〜【180】は溶接内部の非破壊試験方法について述べている。正しいものを1つ選び，マークシートの解答欄の該当箇所にマークせよ。

【176】放射線透過試験における透過度計の使用目的はどれか。
a　放射線エネルギーの強弱の確認
b　検出できるきずの位置の確認
c　透過写真の像質が規定を満足しているかの確認
d　透過写真の濃度の確認

【177】放射線透過試験で検出困難な欠陥はどれか。
a　ラメラテア
b　ブローホール
c　スラグ巻込み
d　溶込み不良

【178】余盛付き突合せ溶接部の超音波探傷試験で一般に用いられる手法はどれか。
a　垂直探傷法
b　斜角探傷法
c　水浸探傷法
d　屈折探傷法

【179】超音波探傷試験の適用が困難な溶接部はどれか。
a　低炭素鋼溶接部
b　アルミニウム合金溶接部
c　オーステナイト系ステンレス鋼溶接部
d　高張力鋼溶接部

【180】超音波探傷試験が放射線透過試験より優れている点はどれか。
a　欠陥の種類判別が容易である
b　ブローホールを容易に検出できる
c　表面粗さの影響を受けない
d　試験体の片側から検査ができる

　次の設問【181】〜【185】は電撃防止装置について述べている。正しいものを1つ選び，マークシートの解答欄の該当箇所にマークせよ。

【181】　労働安全衛生規則で電撃防止装置の使用を義務づけている高所作業の高さはどれか。
　　a　1m以上
　　b　2m以上
　　c　3m以上
　　d　4m以上

【182】　電撃防止装置を使用していないアーク溶接の感電災害についての正しい記述はどれか。
　　a　アークを発生していない時は，発生している時よりも感電の危険は高い
　　b　アークを発生していない時は，発生している時よりも感電の危険は低い
　　c　アークを発生していない時も，発生している時も感電の危険は低い
　　d　アーク溶接の場合，感電の危険はほとんどない

【183】　JIS C 9311「交流アーク溶接電源用電撃防止装置」における安全電圧の規定値はどれか。
　　a　10V以下
　　b　25V以下
　　c　40V以下
　　d　50V以下

【184】　感電事故に対する注意事項で正しい記述はどれか。
　　a　溶接棒ホルダの絶縁が十分であれば，電撃防止装置を必要としない
　　b　溶接棒ホルダおよび電撃防止装置は毎月1回点検すればよい
　　c　溶接電源の外箱の接地（アース）を施すことは自主判断に任されている
　　d　交流の方が直流よりも電撃の危険性が高い

【185】　電撃防止装置で遅動時間が設定されている理由はどれか。
　　a　溶接電源の回路保護のため
　　b　タック溶接などの作業を円滑に行うため
　　c　溶接棒ホルダの絶縁性確保のため
　　d　被覆アーク溶接棒と溶接棒ホルダの絶縁性維持のため

　次の設問【186】〜【190】はアーク光に対する安全衛生について述べている。正しいものを1つ選び，マークシートの解答欄の該当箇所にマークせよ。

【186】　眼への長期間照射で「白内障」などの障害をおこすものはどれか。
　　a　アルファ線
　　b　赤外線
　　c　X線
　　d　ガンマ線

【187】　眼に照射されると急性眼炎をおこす光線はどれか。
　　a　赤外線
　　b　紫外線

　　c　可視光線（ブルーライト）

　　d　X線

【188】　眼に強く照射されると網膜炎をおこすことがある光線はどれか。

　　a　赤外線

　　b　紫外線

　　c　可視光線（ブルーライト）

　　d　X線

【189】　アーク光の安全保護具として推奨できないのはどれか。

　　a　遮光幕，衝立

　　b　遮光めがね

　　c　溶接用保護面

　　d　サングラス

【190】　遮光度12とする場合，適切なフィルタプレートの組合せはどれか。

　　a　6 + 6

　　b　6 + 7

　　c　6 + 8

　　d　6 + 9

　　次の設問【191】～【195】は粉じん作業に対する安全衛生について述べている。正しいものを1つ選び，マークシートの解答欄の該当箇所にマークせよ。

【191】　溶接ヒュームとは何か。

　　a　溶接部に付着した非金属物質

　　b　母材や溶接部に付着した金属粒子

　　c　大気中で冷却固化した鉱物性浮遊微粒子

　　d　溶接金属中に残存した非金属物質

【192】　溶接ヒューム防止対策として役立たないものはどれか。

　　a　溶接用保護面

　　b　防じんマスク

　　c　局所排気装置

　　d　全体換気装置

【193】　溶接ヒュームによる障害でないものはどれか。

　　a　金属熱

　　b　白内障

　　c　けい肺

　　d　じん肺

【194】　粉じん作業を行う場合，作業場以外に設けることが規定されているのはどれか。

　　a　遮光設備

　　b　ロッカー設備

　　c　喫煙設備

　　d　休憩設備

【195】　溶接ヒュームを多量に吸引すると，症状として現れるのはどれか。

　　a　急性症状として肺炎が，慢性症状としてじん肺が現れる
　　b　急性症状として金属熱が，慢性症状としてじん肺が現れる
　　c　急性症状として金属熱が，慢性症状として肺炎が現れる
　　d　急性症状としてじん肺が，慢性症状として金属熱が現れる

　次の設問【196】～【200】はガス切断の安全衛生について述べている。正しいもの
を１つ選び，マークシートの解答欄の該当箇所にマークせよ。

【196】日本で酸素ガスに使用される，ガス容器，ゴムホースの識別色はどれか。
　　a　容器は黒色，ホースは緑色
　　b　容器は緑色，ホースは青色
　　c　容器は黒色，ホースは青色
　　d　容器は緑色，ホースは緑色

【197】容器の取扱いで，安全な措置はどれか。
　　a　LPGおよび炭酸ガスなどの液体が入っている高圧ガス容器は立てておく
　　b　寒冷地ではLPGの放出を早めるために，ガスバーナで容器を加熱する
　　c　吊り上げて移動する場合，容器弁やキャップに玉掛けワイヤを直接掛ける
　　d　作業場内での移動では，容器を横にして手で転がす

【198】プロパンガスと空気の混合物で，プロパンガスの爆発下限界（容量%）はどれか。
　　a　約２%
　　b　約10%
　　c　約20%
　　d　約50%

【199】ガス切断において遮光度のフィルタを選定する基準はどれか。
　　a　ガスの種類
　　b　切断速度
　　c　１時間あたりの酸素の使用量
　　d　１時間あたりの燃料ガス（予熱ガス）の使用量

【200】ガス切断トーチで，逆火が最も起こりやすい条件はどれか。
　　a　燃料ガスの噴出速度が燃焼速度より遅い場合
　　b　燃料ガスの噴出速度が燃焼速度より速い場合
　　c　切断酸素の噴出速度が燃焼速度より遅い場合
　　d　切断酸素の噴出速度が燃焼速度より速い場合

●2018年６月３日出題　２級試験問題●
解答例

【1】c，【2】c，【3】b，【4】c，【5】c，【6】b，【7】a，【8】a，
【9】c，【10】b，【11】c，【12】a，【13】b，【14】d，【15】a，【16】c，

【17】c, 【18】a, 【19】c, 【20】d, 【21】a, 【22】c, 【23】b, 【24】a,

【25】c, 【26】c, 【27】c, 【28】d, 【29】b, 【30】c, 【31】d, 【32】a,

【33】d, 【34】a, 【35】c, 【36】b, 【37】d, 【38】d, 【39】b, 【40】d,

【41】d, 【42】c, 【43】a, 【44】d, 【45】a, 【46】c, 【47】b, 【48】d,

【49】a, 【50】c, 【51】c, 【52】c, 【53】d, 【54】c, 【55】d, 【56】c,

【57】b, 【58】c, 【59】c, 【60】c, 【61】a, 【62】a, 【63】b, 【64】a,

【65】a, 【66】a, 【67】c, 【68】c, 【69】a, 【70】d, 【71】b, 【72】d,

【73】d, 【74】c, 【75】a, 【76】c, 【77】b, 【78】a, 【79】a, 【80】d,

【81】c, 【82】a, 【83】b, 【84】a, 【85】a, 【86】c, 【87】c, 【88】d,

【89】c, 【90】a, 【91】d, 【92】c, 【93】a, 【94】b, 【95】d, 【96】a,

【97】b, 【98】d, 【99】a, 【100】c, 【101】c, 【102】c, 【103】c, 【104】b,

【105】a, 【106】c ＊解説　$10 \times 200 = 2,000mm^2$,

【107】a ＊解説　$10 \times 200 = 2,000mm^2$,

【108】b ＊解説　$(32 - 8) \times 100 = 2,400mm^2$,

【109】a ＊解説　$(40 - 10 - 3 \times 2) \times 100 = 2,400mm^2$,

【110】c ＊解説　$10/\sqrt{2} \times 100 \times 2 = 1,400mm^2$, 【111】c, 【112】d, 【113】b,

【114】c, 【115】d, 【116】d, 【117】a, 【118】c, 【119】b, 【120】c, 【121】b,

【122】c, 【123】c, 【124】a, 【125】d, 【126】c, 【127】d, 【128】b, 【129】d,

【130】a, 【131】a, 【132】a, 【133】c, 【134】c, 【135】d, 【136】a, 【137】c,

【138】b, 【139】b, 【140】a, 【141】b, 【142】d, 【143】a, 【144】b, 【145】c,

【146】d, 【147】c, 【148】b, 【149】c, 【150】a, 【151】d, 【152】c, 【153】d,

【154】b, 【155】a, 【156】c, 【157】d, 【158】a, 【159】c, 【160】b, 【161】c,

【162】c, 【163】d, 【164】b, 【165】d, 【166】a, 【167】b, 【168】d, 【169】a,

【170】b, 【171】b, 【172】b, 【173】c, 【174】b, 【175】d, 【176】c, 【177】a,

【178】b, 【179】c, 【180】d, 【181】b, 【182】a, 【183】b, 【184】d, 【185】b,

【186】b, 【187】b, 【188】c, 【189】d, 【190】b, 【191】c, 【192】a, 【193】b,

【194】d, 【195】b, 【196】c, 【197】a, 【198】a, 【199】c, 【200】a

２級試験問題

　　次の設問【1】～【5】は溶接法の分類について述べている。正しいものを１つ選び，マークシートの解答欄の該当箇所にマークせよ。

【1】記載したすべての溶接法が融接に分類されるのはどれか。
　　a　アーク溶接，アプセット溶接，レーザ溶接
　　b　アーク溶接，フラッシュ溶接，エレクトロスラグ溶接
　　c　アーク溶接，ガス溶接，レーザ溶接
　　d　エレクトロスラグ溶接，アプセット溶接，摩擦攪拌接合

【2】記載したすべての溶接法がアーク溶接に分類されるのはどれか。
　　a　ガス溶接，被覆アーク溶接，マグ溶接
　　b　ティグ溶接，マグ溶接，ミグ溶接
　　c　サブマージアーク溶接，プラズマアーク溶接，テルミット溶接
　　d　エレクトロスラグ溶接，エレクトロガスアーク溶接，アプセット溶接

【3】記載したすべての溶接法が抵抗溶接に分類されるのはどれか。
　　a　抵抗スポット溶接，エレクトロスラグ溶接，拡散接合
　　b　電子ビーム溶接，超音波圧接，摩擦攪拌接合
　　c　抵抗スポット溶接，プロジェクション溶接，シーム溶接
　　d　フラッシュ溶接，レーザ溶接，アークスタッド溶接

【4】非溶極式アーク溶接に分類されるのはどれか。
　　a　ミグ溶接
　　b　プラズマアーク溶接
　　c　エレクトロガスアーク溶接
　　d　サブマージアーク溶接

【5】溶極式アーク溶接に分類されるのはどれか。
　　a　マグ溶接
　　b　ティグ溶接
　　c　エレクトロスラグ溶接
　　d　プラズマアーク溶接

　　次の設問【6】～【10】は溶接アーク現象について述べている。正しいものを１つ選び，マークシートの解答欄の該当箇所にマークせよ。

【6】アークが軸方向（電極延長線方向）に発生しようとする性質はどれか。
　　a　アークの硬直性
　　b　アークの直線性
　　c　アークの点弧性
　　d　アークの導電性

【7】アーク柱中心部の軸方向の圧力差によって生じるガスの流れはどれか。

 a アークブロー
 b アーク力
 c プラズマ気流
 d 電磁対流

【8】アークが冷却されることで断面収縮しようとする作用はどれか。

 a アークの反力
 b 電磁ピンチ効果
 c 熱的ピンチ効果
 d 熱対流

【9】ワイヤ先端部の溶滴断面を減少させるように作用する力はどれか。

 a 熱的ピンチ力
 b 電磁ピンチ力
 c アークの反力
 d アーク圧力

【10】アークの磁気吹きに最も大きく関係するのはどれか。

 a アーク電圧
 b 溶接電流
 c 溶接速度
 d 溶接入熱

　次の設問【11】～【15】は溶接条件の影響について述べている。正しいものを１つ選び，マークシートの解答欄の該当箇所にマークせよ。

【11】アーク電圧と溶接速度を一定にして，溶接電流を増加させるとどうなるか。

 a ビード幅が減少し，溶込み深さが増加する
 b ビード幅が増加し，溶込み深さが減少する
 c ビード幅が増加し，溶込み深さも増加する
 d ビード幅は変化せず，余盛高さが高くなる

【12】溶接電流と溶接速度を一定にして，アーク電圧を高くするとどうなるか。

 a ビード幅が減少し，溶込み深さが増加する
 b ビード幅が増加し，溶込み深さが減少する
 c ビード幅は変化せず，溶込み深さが増加する
 d ビード幅は変化せず，余盛高さが高くなる

【13】溶接電流とアーク電圧を一定にして，溶接速度を遅くするとどうなるか。

 a 入熱が減少する
 b ビード幅が減少する
 c 溶込みが減少する
 d 溶込みが増加する

【14】溶接電流とアーク電圧を一定にして，溶接速度を速くした場合に生じるのはどれか。

 a 溶落ち
 b オーバラップ
 c アンダカット

　　d　目違い

【15】薄板の溶接で，溶接電流とアーク電圧を一定にして溶接速度を遅くした場合に生じるのはどれか。

　　a　ハンピング
　　b　アンダカット
　　c　溶落ち
　　d　目違い

　次の設問【16】～【20】はマグ溶接機の構成を示す図について述べている。正しいものを１つ選び，マークシートの解答欄の該当箇所にマークせよ。

【16】図中①の名称はどれか。

　　a　冷却水循環装置
　　b　ワイヤ送給装置
　　c　溶接電源
　　d　遠隔操作箱（リモコン）

【17】図中②の名称はどれか。

　　a　ガス混合器
　　b　ガス圧力調整器
　　c　ガス安全器
　　d　ガス発生器

【18】図中③の名称はどれか。

　　a　遠隔操作箱（リモコン）
　　b　ワイヤ送給装置
　　c　溶接電源
　　d　冷却水循環装置

【19】図中④の名称はどれか。

　　a　溶接トーチ
　　b　ワイヤ送給装置

c　溶接電源
d　遠隔操作箱（リモコン）

【20】図中⑤の名称はどれか。
a　溶接トーチ
b　ワイヤ送給装置
c　溶接電源
d　遠隔操作箱（リモコン）

次の設問【21】～【25】はマグ溶接の溶滴移行形態について述べている。正しいものを1つ選び，マークシートの解答欄の該当箇所にマークせよ。

【21】シールドガスに100%CO_2を用いたマグ溶接の小電流，低電圧域での溶滴移行形態はどれか。
a　スプレー移行
b　ドロップ移行
c　反発移行
d　短絡移行

【22】シールドガスに80%Ar+20%CO_2混合ガスを用いるマグ溶接の小電流，低電圧域での溶滴移行形態はどれか。
a　スプレー移行
b　ドロップ移行
c　反発移行
d　短絡移行

【23】シールドガスに100%CO_2を用いるマグ溶接の中電流，中電圧域での溶滴移行形態はどれか。
a　スプレー移行
b　ドロップ移行
c　反発移行
d　短絡移行

【24】シールドガスに80%Ar+20%CO_2混合ガスを用いるマグ溶接の中電流，中電圧域での溶滴移行形態はどれか。
a　スプレー移行
b　ドロップ移行
c　反発移行
d　短絡移行

【25】シールドガスに80%Ar+20%CO_2混合ガスを用いるマグ溶接の大電流，高電圧域での溶滴移行形態はどれか。
a　スプレー移行
b　ドロップ移行
c　反発移行
d　短絡移行

次の設問【26】～【30】は溶接機の使用率について述べている。正しいものを１つ選び，マークシートの解答欄の該当箇所にマークせよ。

【26】溶接機の使用率は，「使用率＝（定格出力電流／A）^{2}×B」で求められる。Aは何か。
a 定格使用率
b 短絡電流
c 使用する溶接電流
d 無負荷電圧

【27】「使用率＝（定格出力電流／A）^{2}×B」のBは何か。
a 定格使用率
b 短絡電流
c 使用する溶接電流
d 無負荷電圧

【28】定格出力電流300A，定格使用率40％のアーク溶接機を用いて連続溶接を行う場合，使用できる最大溶接電流はどれか。（必要であれば，$\sqrt{0.4}=0.6$として計算せよ）
a 120A
b 180A
c 200A
d 300A

【29】定格出力電流500A，定格使用率100％のインバータ制御アーク溶接機についての正しい記述はどれか。
a 使用率が60％以下であれば，500A以上の溶接電流でも問題なく使用できる
b 短時間であれば，500A以上の溶接電流でも溶接機損傷の恐れは全くない
c どのような溶接電流値でも，10分以上の連続溶接には適用できない
d 溶接電流が500A以下であれば，10分を超える連続溶接にも適用できる

【30】マグ溶接トーチの許容使用率を決めるものはどれか。
a 「トーチの定格電流」と「使用する溶接電流」
b 「トーチの定格電流」と「トーチの定格使用率」
c 「トーチの定格電流」と「トーチの定格使用率」と「使用する溶接電流」
d 「トーチの定格電流」と「溶接電源の定格出力電流」

次の設問【31】～【35】はマグ・ミグ溶接に用いるセンサについて述べている。正しいものを１つ選び，マークシートの解答欄の該当箇所にマークせよ。

【31】ワイヤタッチセンサの役割はどれか。
a 開先位置の検出
b アーク電圧の検出
c 溶接電流の検出
d 溶接速度の検出

【32】アーク溶接ロボットで使用するアークセンサの役割はどれか。
a ワイヤ送給速度の検出
b 溶接速度の検出
c 溶接線のならい
d アーク発生時間の検出

【33】アークセンサが利用しているのはどれか。
 a　ワイヤ送給速度
 b　溶接電流
 c　溶接速度
 d　無負荷電圧

【34】下向姿勢でマグ溶接をする場合，開先内で溶接トーチを揺動させる方向はどれか。
 a　溶接線に直角な方向
 b　溶接線に平行な方向
 c　溶接線に垂直な方向
 d　開先面に沿った斜め方向

【35】光センサで検出できないのはどれか。
 a　アークの発生状態
 b　溶融池形状
 c　開先形状
 d　融合不良

　次の設問【36】～【40】はプラズマ切断について述べている。正しいものを1つ選び，マークシートの解答欄の該当箇所にマークせよ。

【36】作動ガス（プラズマガス）としてアルゴンを用いる場合に利用する熱はどれか。
 a　化学反応熱
 b　アーク熱
 c　アーク熱と化学反応熱
 d　摩擦熱

【37】アークを拘束するトーチ部品はどれか
 a　シールドキャップ
 b　ノズル（ノズル電極）
 c　コンタクトチップ
 d　コレット

【38】作動ガス（プラズマガス）にアルゴンを用いる場合の電極材料はどれか。
 a　鋼
 b　タングステン
 c　ハフニウム
 d　炭素

【39】作動ガス（プラズマガス）に空気を用いる場合の電極材料はどれか。
 a　鋼
 b　タングステン
 c　ハフニウム
 d　炭素

【40】移行式エアプラズマ切断で切断できる材料はどれか。
 a　木材
 b　プラスチック

c　チタン合金
d　セラミックス

次の設問【41】〜【45】は鉄鋼材料について述べている。正しいものを1つ選び，マークシートの解答欄の該当箇所にマークせよ。

【41】炭素鋼の炭素含有量の範囲はどれか。
a　0.02％以下
b　0.02〜0.7％
c　0.02〜2.0％
d　0.02〜4.3％

【42】鋳鉄の炭素含有量の範囲はどれか。
a　0.02％以下
b　0.02〜0.7％
c　0.7〜4.3％
d　2.0〜6.6％

【43】炭素含有量0.2％の鋼を1000℃から徐冷した時の組織変化はどれか。
a　フェライト　→　オーステナイト
b　オーステナイト　→　フェライト
c　フェライト　→　マルテンサイト
d　マルテンサイト　→　オーステナイト

【44】鉄鋼の溶接金属について正しい記述はどれか。
a　オーステナイト組織である
b　母材のミクロ組織と大差ない
c　高温割れが発生しにくい
d　主に柱状のデンドライト組織である

【45】パーライトと呼ばれる組織はどれか。
a　オーステナイトとフェライトの混合組織
b　マルテンサイトとフェライトの混合組織
c　オーステナイトとセメンタイトの混合組織
d　フェライトとセメンタイトの混合組織

次の設問【46】〜【50】は鋼の熱処理について述べている。正しいものを1つ選び，マークシートの解答欄の該当箇所にマークせよ。

【46】焼ならしとは，どのような熱処理か。
a　硬さや強度を増すため，オーステナイト温度域から水中に入れて急冷する処理
b　軟化などを目的に，オーステナイト温度域から炉中で徐冷する処理
c　組織を微細化するために，オーステナイト温度域から空冷する処理
d　焼入れ後のじん性を向上させるため，600℃程度の温度に再加熱した後，空冷する処理

【47】焼入れとは，どのような熱処理か。
a　硬さや強度を増すため，オーステナイト温度域から水中に入れて急冷する処理

b　軟化などを目的に，オーステナイト温度域から炉中で徐冷する処理
c　組織を微細化するために，オーステナイト温度域から空冷する処理
d　焼入れ後のじん性を向上させるため，600℃程度の温度に再加熱した後，空冷する処理

【48】低炭素鋼をオーステナイト温度域から炉中で徐冷したときの室温組織はどれか。
a　マルテンサイト
b　オーステナイト＋パーライト
c　フェライト＋パーライト
d　オーステナイト＋フェライト

【49】焼入れ後のじん性を向上させるため，600℃程度の温度に再加熱した後，空冷する処理はどれか。
a　焼なまし
b　焼入れ
c　焼ならし
d　焼戻し

【50】温度や圧下量を適正に制御した圧延を行い，引き続き加速冷却して機械的性質を改善する処理はどれか。
a　固溶化熱処理
b　安定化熱処理
c　加工熱処理（熱加工制御）
d　サブゼロ処理（深冷処理）

次の設問【51】～【55】は鋼材のJISについて述べている。正しいものを1つ選び，マークシートの解答欄の該当箇所にマークせよ。

【51】材料記号SS400で，SSのあとに続く数字が表すものはどれか。
a　疲れ強さ
b　降伏点または0.2%耐力
c　引張強さ
d　硬さ

【52】一般構造用圧延鋼材SS400で化学成分が規定されている元素はどれか。
a　C
b　Si
c　Mn
d　S

【53】溶接構造用圧延鋼材SM490でA種，B種，C種の順に規定が厳しくなるはどれか。
a　引張強さ
b　降伏点または耐力
c　シャルピー吸収エネルギー
d　疲れ強さ

【54】建築構造用圧延鋼SN材で降伏比が0.8以下と規定されているのはなぜか。
a　塑性変形を十分に得るため
b　低温割れを抑制するため

 c ぜい性破壊を防ぐため
 d 高温強度を高めるため

【55】SN490BのS含有量の上限をSM490Bより低く規定している理由はどれか。

 a 高温割れ防止のため
 b ラメラテア防止のため
 c 降伏点を高めるため
 d 降伏比を高めるため

 次の設問【56】～【60】は各種鋼材について述べている。正しいものを1つ選び，マークシートの解答欄の該当箇所にマークせよ。

【56】低温用鋼で特に重視される特性はどれか。

 a 引張強さ
 b 絞り
 c 切欠きじん性
 d 耐食性

【57】低温用鋼の最低使用温度を低下させるのに有効な添加元素はどれか。

 a C
 b S
 c Si
 d Ni

【58】400℃以上の高温高圧ボイラに用いられるのはどれか

 a 9％Ni鋼
 b Cr-Mo鋼
 c インバー合金
 d アルミニウム合金

【59】化学プラントなどで用いられる耐食性の高い鋼はどれか。

 a 工具鋼
 b 耐候性鋼
 c 鋳鉄
 d オーステナイト系ステンレス鋼

【60】TMCP鋼の溶接施工での利点はどれか。

 a 溶接棒の乾燥不要
 b 高速溶接が可能
 c 予熱温度の低減
 d 溶接後熱処理の低温・短時間化

 次の設問【61】～【65】は炭素鋼溶接部の組織について述べている。正しいものを1つ選び，マークシートの解答欄の該当箇所にマークせよ。

【61】溶接部で，ぜい化が最も生じやすい領域はどれか。

 a 粗粒域
 b 混粒域
 c 細粒域

　d　球状パーライト域（二相域）

【62】溶接部で，じん性が最も良好な領域はどれか。

　a　粗粒域
　b　混粒域
　c　細粒域
　d　球状パーライト域（二相域）

【63】低入熱で溶接した場合に生じやすい現象はどれか。

　a　熱影響部の硬化
　b　結晶粒の粗大化
　c　溶接金属の酸化
　d　残留オーステナイトの生成

【64】過大な入熱で溶接した場合に生じやすい現象はどれか。

　a　熱影響部の硬化
　b　結晶粒の粗大化
　c　マルテンサイトの生成
　d　残留オーステナイトの生成

【65】溶接熱影響部の硬化原因となる組織はどれか。

　a　フェライト
　b　マルテンサイト
　c　オーステナイト
　d　セメンタイト

　次の設問【66】～【70】は溶接欠陥について述べている。正しいものを1つ選び，マークシートの解答欄の該当箇所にマークせよ。

【66】シールドが不十分となった場合に発生しやすい溶接欠陥はどれか。

　a　オーバラップ
　b　アンダカット
　c　ポロシティ
　d　スラグ巻込み

【67】低温割れの発生時期はどれか。

　a　溶接中または溶接直後
　b　溶接後数日以内
　c　応力除去焼鈍時
　d　高温に曝されたとき

【68】低温割れの要因となるのはどれか。

　a　酸素
　b　窒素
　c　アルゴン
　d　水素

【69】溶接割れ感受性組成P_{CM}に含まれる元素で，割れに最も影響するものはどれか。

　a　C

b　Si
c　Mn
d　Al

【70】溶融金属の凝固時に発生する割れはどれか。
a　高温割れ
b　低温割れ
c　応力腐食割れ
d　再熱割れ

次の設問【71】～【75】は溶接材料について述べている。正しいものを1つ選び，マークシートの解答欄の該当箇所にマークせよ。

【71】被覆アーク溶接棒の被覆剤の役割はどれか。
a　ヒュームの発生を抑制する
b　溶融金属を大気から保護する
c　水素ガスの発生を抑制する
d　溶接金属を酸化する

【72】低水素系被覆アーク溶接棒の役割はどれか。
a　溶込みを増加させる
b　耐割れ性を向上させる
c　スラグ剥離性を改善する
d　耐酸化性を向上させる

【73】低水素系被覆アーク溶接棒の使用で正しいのはどれか。
a　使用前に70～100℃で乾燥する
b　使用前に300～400℃で乾燥する
c　使用前に500～600℃で乾燥する
d　溶接棒の乾燥は不要である

【74】サブマージアーク溶接用溶融フラックスの特徴はどれか。
a　耐吸湿性に優れる
b　水にぬれても使用できる
c　合金元素の添加が容易である
d　スラグの剥離性が悪い

【75】サブマージアーク溶接用ボンドフラックスの特徴はどれか。
a　耐吸湿性に優れる
b　水にぬれても使用できる
c　合金元素の添加が容易である
d　高速溶接性に優れる

次の設問【76】～【80】はマグ・ミグ溶接について述べている。正しいものを1つ選び，マークシートの解答欄の該当箇所にマークせよ。

【76】ミグ溶接に使用されるシールドガスはどれか。
a　窒素

b　炭酸ガスとアルゴンの混合ガス
c　アルゴン
d　酸素

【77】マグ溶接に使用されないガスはどれか。
a　窒素
b　炭酸ガス
c　アルゴン
d　酸素

【78】マグ溶接が被覆アーク溶接に比べて，一般に優れている特性はどれか。
a　高温割れの防止
b　再熱割れの防止
c　低温割れの防止
d　アンダカットの防止

【79】マグ溶接で，ブローホールを抑制するために，溶接ワイヤに添加されている元素はどれか。
a　Cr
b　Mn
c　C
d　N

【80】100%CO_2ガス用の溶接ワイヤを用いて，80%Ar + 20%CO_2の混合ガス中で溶接した場合，溶接金属にどのようなことが起こるか。
a　Si, Mnが少なくなり，強度が低下する
b　Si, Mnが少なくなり，強度が増加する
c　Si, Mnが多くなり，強度が低下する
d　Si, Mnが多くなり，強度が増加する

次の設問【81】〜【85】はステンレス鋼について述べている。正しいものを1つ選び，マークシートの解答欄 の該当箇所にマークせよ。

【81】JISの鋼種でオーステナイト系ステンレス鋼はどれか。
a　SUS304
b　SUS329J1
c　SUS410
d　SUS430

【82】JISの鋼種でフェライト系ステンレス鋼はどれか。
a　SUS304
b　SUS329J1
c　SUS410
d　SUS430

【83】オーステナイト系ステンレス鋼の溶接で生じやすい割れはどれか。
a　凝固割れ
b　ラメラテア
c　ビード下割れ

 d　低温割れ

【84】熱膨張係数が最も大きいのはどれか。

 a　オーステナイト系ステンレス鋼
 b　フェライト系ステンレス鋼
 c　二相系ステンレス鋼
 d　マルテンサイト系ステンレス鋼

【85】溶接金属のフェライト量を予測するのに用いるのはどれか。

 a　応力－ひずみ線図
 b　CCT図
 c　シェフラ組織図
 d　S-N線図

 次の設問【86】〜【90】は鉄鋼材料のぜい性破壊，疲労破壊について述べている。正しいものを1つ選び，マークシートの解答欄の該当箇所にマークせよ。

【86】ぜい性破壊の3条件は，引張応力，応力集中の存在と，もう1つどれか。

 a　降伏点が低いこと
 b　引張強さが低いこと
 c　じん性が低いこと
 d　炭素当量が低いこと

【87】ぜい性破壊の伝播速度の特徴はどれか

 a　疲労破壊や延性破壊に比べ極めて遅い
 b　疲労破壊よりは速いが延性破壊よりも遅い
 c　疲労破壊よりは遅いが延性破壊よりも速い
 d　疲労破壊や延性破壊に比べ極めて速い

【88】ぜい性破壊が生じる負荷応力の条件はどれか。

 a　材料の降伏強さ以下でも生じる
 b　材料の降伏強さに達したときに生じる
 c　材料の降伏強さを越えないと生じない
 d　材料の引張強さに達したときに生じる

【89】疲労破壊が生じる負荷応力の条件はどれか。

 a　材料の降伏強さ以下でも生じる
 b　材料の降伏強さに達したときに生じる
 c　材料の降伏強さを越えないと生じない
 d　材料の引張強さに達したときに生じる

【90】構造物の疲労破壊の防止に役立つのはどれか。

 a　降伏点の高い材料を使用する
 b　降伏点の低い材料を使用する
 c　応力集中を少なくする
 d　部材の長さを長くする

 次の設問【91】〜【95】は溶接継手の強度について述べている。正しいものを1つ選び，マークシートの解答欄の該当箇所にマークせよ。

【91】溶接継手の継手効率はどれか。
　a　継手の降伏応力÷母材の降伏応力
　b　母材の降伏応力÷継手の降伏応力
　c　継手の引張強さ÷母材の引張強さ
　d　母材の引張強さ÷継手の引張強さ

【92】残留応力は継手の静的強度にどのように影響するか。
　a　降伏強さを低下させる
　b　引張強さを低下させる
　c　引張強さに影響しない
　d　延性を低下させる

【93】溶接部の破壊じん性の特徴はどれか。
　a　温度が高くなると低下する
　b　溶接入熱が過大になると低下する
　c　板厚が小さくなると低下する
　d　引張強さが高くなると低下する

【94】溶接部の疲労強度改善に最も効果のあるグラインダ研削位置はどれか。
　a　余盛の周辺部
　b　余盛の頂上部
　c　余盛の止端部
　d　母材表面部

【95】余盛付き溶接継手の疲労強度（溶接線直角方向）について正しいのはどれか。
　a　高張力鋼継手の方が，軟鋼継手より高い
　b　軟鋼継手の方が，高張力鋼継手より高い
　c　高張力鋼継手と軟鋼継手でほぼ同じである
　d　溶接金属の疲労強度で決まる

　　次の設問【96】～【100】は広幅鋼板突合せ溶接継手の残留応力について述べている。正しいものを１つ選び，マークシートの解答欄の該当箇所にマークせよ。

【96】最大の引張残留応力が生じる位置と方向はどれか。
　a　溶接継手中央部で溶接線方向
　b　溶接継手中央部で溶接線直角方向
　c　溶接継手始終端で溶接線方向
　d　溶接継手始終端で溶接線直角方向

【97】軟鋼継手では引張残留応力の最大値はどの程度か。
　a　降伏点の1/2
　b　降伏点
　c　降伏点の２倍
　d　引張強さ

【98】引張残留応力が生じる範囲と溶接入熱の関係について正しいのはどれか。
　a　溶接入熱が小さい方が範囲が広い
　b　溶接入熱が大きい方が範囲が広い
　c　溶接入熱がある値の時に範囲が最大となる

d　範囲は溶接入熱にほぼ無関係である

【99】引張残留応力の最大値と溶接入熱の関係について正しいのはどれか。

a　溶接入熱が小さい方が最大値が大きい
b　溶接入熱が大きい方が最大値が大きい
c　溶接入熱がある値の時に残留応力が最大となる
d　最大値は溶接入熱にほぼ無関係である

【100】変形を拘束すると残留応力はどうなるか。

a　小さくなる
b　大きくなる
c　脈動する
d　残留応力は拘束に無関係である

　次の設問【101】～【105】は JIS Z 3021 溶接記号について述べている。正しいものを１つ選び，マークシートの解答欄の該当箇所にマークせよ。

【101】図Ａの溶接記号で表される開先形状はどれか。

図Ａ

【102】図Ｂのすみ肉溶接継手の溶接記号はどれか。

図Ｂ

【103】裏ビードを置く溶接記号はどれか。

【104】裏波溶接の溶接記号はどれか。

【105】溶接記号「RT − ○」は何を表すか。

  a　全線の超音波探傷試験を行う
  b　抜取りの超音波探傷試験を行う
  c　全線の放射線透過試験を行う
  d　抜取りの放射線透過試験を行う

　次の設問【106】～【110】は，下図の溶接継手に引張荷重が作用する場合の許容最大荷重を算定する手順を示している。正しいものを１つ選び，マークシートの解答欄の該当箇所にマークせよ。ただし，許容引張応力は150N/mm²，許容せん断応力は許容引張応力の0.6倍で，$1/\sqrt{2} = 0.7$とする。

【106】溶接継手ののど厚は何mmか。

  a　5 mm
  b　7 mm
  c　10 mm
  d　15 mm

【107】各すみ肉溶接継手の有効溶接長さは100mmである。
　　　　荷重は上下一対のすみ肉溶接継手により伝達される。
　　　　強度計算に用いる全有効溶接長さは何mmか。

  a　100 mm
  b　200 mm
  c　300 mm
  d　400 mm

【108】有効のど断面積は何mm²か。

  a　1,000 mm²
  b　1,400 mm²

c 2,000 mm²
d 2,800 mm²

【109】この継手の許容応力は何N/mm²か。
a 90 N/mm²
b 120 N/mm²
c 150 N/mm²
d 180 N/mm²

【110】許容最大荷重はいくらか。
a 126 kN
b 210 kN
c 252 kN
d 420 kN

　次の設問【111】～【115】は溶接継手設計について述べている。正しいものを1つ選び，マークシートの解答欄の該当箇所にマークせよ。

【111】完全溶込み溶接継手の許容応力はどれか。
a 母材の許容応力
b 溶接金属の許容応力
c 母材と溶接金属の許容応力の平均値
d 母材の許容応力の0.7倍

【112】繰返し荷重を受ける溶接継手の許容応力で正しいのはどれか
a 静的許容応力よりも小さい
b 静的許容応力と同じ
c 静的許容応力よりも大きい
d 継手形式によって静的許容応力より大きい場合と小さい場合がある

【113】鋼板突合せ溶接継手の開先形状を決定する際に，最も考慮すべき項目はどれか。
a 鋼板の強度
b 鋼板のじん性
c 鋼板のコスト
d 鋼板の厚さ

【114】安全率の定義はどれか。
a 基準強さ÷許容応力
b 許容応力÷基準強さ
c 基準強さ÷引張強さ
d 引張強さ÷基準強さ

【115】板厚が異なる平板の完全溶込み突合せ溶接継手で，強度計算に用いるのど厚はどれか。
a 両板厚の差
b 両板厚の平均値
c 薄い方の板厚
d 厚い方の板厚

次の設問【116】～【120】は品質および品質管理について述べている。正しいものを1つ選び，マークシートの解答欄の該当箇所にマークせよ。

【116】品質管理活動はどれか。
 a 目標とする品質を設定する活動
 b 製品の性能を向上させる活動
 c 顧客の要求を調査する活動
 d 要求品質を満たすための活動

【117】設計，製造，検査，営業の各部門が集まって，設計の品質を検討する会議はどれか。
 a 経営会議
 b 工程会議
 c デザインレビュー会議
 d 営業会議

【118】「金属材料の融接に関する品質要求事項」規格はどれか。
 a ISO 3834 （JIS Z 3400）
 b ISO 9001 （JIS Q 9001）
 c ISO 14001 （JIS Z 14001）
 d ISO 14731 （JIS Z 3410）

【119】「溶接管理－任務及び責任」規格はどれか。
 a ISO 3834 （JIS Z 3400）
 b ISO 9001 （JIS Q 9001）
 c ISO 14001 （JIS Z 14001）
 d ISO 14731 （JIS Z 3410）

【120】品質管理における欧米のアプローチの特徴はどれか。
 a 根回し
 b 契約
 c 供給者重視
 d ボトムアップ

次の設問【121】～【125】は品質および生産性について述べている。正しいものを1つ選び，マークシートの解答欄の該当箇所にマークせよ。

【121】設計部門が決める品質はどれか。
 a 設計の品質，および，できばえの品質
 b 設計の品質，および，ねらいの品質
 c 製造の品質，および，できばえの品質
 d 製造の品質，および，ねらいの品質

【122】設計の品質を表しているものはどれか。
 a 発注書
 b 溶接施工要領書
 c 検査要領書
 d 設計図書

【123】工程能力はどれか。

  a　量的能力
  b　購入能力
  c　質的能力
  d　販売能力

【124】溶接の生産性を定義する投入（インプット）に該当するのはどれか。
  a　溶接機台数
  b　製品個数
  c　生産量
  d　溶接長

【125】溶接の生産性を定義する産出（アウトプット）に該当するのはどれか。
  a　溶接機台数
  b　溶接材料
  c　溶接技能者数
  d　溶接長

　次の設問【126】〜【130】は溶接施工法について述べている。正しいものを１つ選び，マークシートの解答欄の該当箇所にマークせよ。

【126】pWPSはどれか。
  a　承認前の溶接施工要領書
  b　承認された溶接施工要領書
  c　承認前の溶接施工法承認記録
  d　承認された溶接施工法承認記録

【127】WPQT（WPT）はどれか。
  a　溶接施工法試験
  b　溶接施工法承認記録
  c　溶接施工要領書
  d　溶接検査要領書

【128】WPAR（WPQR）はどれか。
  a　溶接施工法試験
  b　溶接施工法承認記録
  c　溶接施工要領書
  d　溶接検査要領書

【129】標準化された試験材の溶接および試験による溶接施工要領の承認方法はどれか。
  a　製造前溶接試験による承認
  b　溶接施工法試験による承認
  c　承認された溶接材料の使用による承認
  d　過去の溶接実績による承認

【130】融接において，機械化または自動化された溶接装置を操作する要員を何と呼ぶか。
  a　溶接管理技術者
  b　溶接技能者
  c　溶接オペレータ

d　溶接作業指導者

次の設問【131】～【135】は溶接コストおよび溶接に使われる用語について述べている。正しいものを1つ選び，マークシートの解答欄の該当箇所にマークせよ。

【131】溶接コストの低減に役立つのはどれか。
a　開先角度の増大
b　被覆アーク溶接の適用拡大
c　溶着速度の増大
d　上向溶接の適用拡大

【132】溶着速度を示すのはどれか。
a　単位時間当りの溶着金属量
b　単位時間当りの溶接材料の消耗量
c　単位時間当りの溶接長
d　単位継手長さ当りの溶接材料の消耗量

【133】アークタイムの計算式はどれか。
a　必要な溶接金属量　÷溶着速度
b　必要な溶接金属量　×溶着速度
c　溶着速度　　　　　÷必要な溶接金属量
d　必要な溶接金属量　÷溶接技能者数

【134】溶接機の負荷率を示すのはどれか。
a　アーク発生時間の合計　÷全作業時間
b　パルス時間　　　　　　÷パルス周期
c　溶接入熱　　　　　　　÷投入熱量
d　実作業での平均溶接電流÷溶接機の定格出力電流

【135】溶接生産性を示すのはどれか。
a　工場労働者数　　　　　÷溶接機台数
b　溶接長（換算溶接長）÷溶接作業時間
c　総コスト　　　　　　　÷総労働時間
d　溶接材料費　　　　　　÷溶接作業時間

次の設問【136】～【140】は開先について述べている。正しいものを1つ選び，マークシートの解答欄の該当箇所にマークせよ。

【136】開先加工に用いられないものはどれか。
a　ガス切断
b　プラズマ切断
c　プレス成形
d　機械加工

【137】突合せ継手でルート間隔が10mmとなった場合に推奨される処理方法はどれか。
a　ウィービング法を用いて溶接
b　開先を肉盛溶接してから溶接
c　裏当て金を用いて溶接
d　新たな材料を挿入して溶接

【138】突合せ継手でルート間隔が20mmとなった場合に推奨される処理方法はどれか。
- a　ウィービング法を用いて溶接
- b　開先を肉盛溶接してから溶接
- c　裏当て金を用いて溶接
- d　新たな材料を挿入して溶接

【139】裏当て金の取付で精度が必要なのはどれか。
- a　開先角度
- b　開先面粗度
- c　隙間
- d　逆ひずみ

【140】高張力鋼の溶接で使用される裏当て金の適切な材料はどれか。
- a　オーステナイト系ステンレス鋼
- b　銅合金
- c　母材より高強度の材料
- d　母材と同材

　次の設問【141】〜【145】はSM490鋼突合せ継手（板厚30mm）のタック溶接について述べている。正しいものを１つ選び，マークシートの解答欄の該当箇所にマークせよ。

【141】タック溶接の目的はどれか。
- a　残留応力の低減
- b　低温割れの防止
- c　溶落ちの防止
- d　部材の定位置確保

【142】タック溶接に使われる溶接法はどれか。
- a　マグ溶接
- b　レーザ溶接
- c　サブマージアーク溶接
- d　摩擦撹拌接合（溶接）

【143】タック溶接の標準的な最小ビード長さはどれか。
- a　10〜20mm
- b　40〜50mm
- c　100〜120mm
- d　150〜200mm

【144】低水素系被覆アーク溶接棒を用いたタック溶接時の標準的な予熱温度はどれか。
- a　25℃
- b　50℃
- c　80℃
- d　150℃

【145】タック溶接の最小ビード長さが規定されている理由はどれか。
- a　溶落ち防止

 b　溶接変形防止
 c　低温割れ防止
 d　高温割れ防止

　次の設問【146】〜【150】は溶接入熱および冷却速度について述べている。正しい
ものを1つ選び，マークシートの解答欄の該当箇所にマークせよ。

【146】溶接入熱の計算に用いないものはどれか。
 a　アーク電圧
 b　溶接電流
 c　板厚
 d　溶接速度

【147】溶接入熱の単位はどれか。
 a　A/cm
 b　J/cm
 c　V/cm
 d　N/mm²

【148】他の条件を一定として，溶接電流を2倍にすると溶接入熱は何倍となるか。
 a　0.5倍
 b　1倍
 c　2倍
 d　4倍

【149】被覆アーク溶接の溶接金属量は次のどれにほぼ比例するか。
 a　溶接入熱の逆数
 b　溶接入熱
 c　溶接入熱の平方根
 d　溶接入熱の2乗

【150】高張力鋼の溶接で溶接入熱が過大になると溶接部の特性はどうなるか。
 a　じん性が低くなる
 b　じん性が高くなる
 c　硬さが高くなる
 d　引張強度が高くなる

　次の設問【151】〜【155】は溶着法および溶接順序について述べている。正しいも
のを1つ選び，マークシートの解答欄の該当箇所にマークせよ。

【151】溶接変形がもっとも生じやすい，溶着方向と溶接方向が同一の溶着法はどれか。
 a　前進法
 b　飛石法
 c　対称法
 d　後退法

【152】溶着方向が継手の溶接方向と逆になる溶着法はどれか。
 a　前進法

  b　飛石法
  c　対称法
  d　後退法

【153】多層溶接で用いる溶着法はどれか。

  a　ブロック法
  b　後退法
  c　飛石法
  d　対称法

【154】溶接構造物の変形低減に適した溶接順序はどれか。

  a　周辺から中央へ
  b　中央から周辺へ
  c　溶接作業しやすい継手の順
  d　薄板から厚板への順

【155】溶接構造物の変形低減のため，優先して溶接すべき継手はどれか。

  a　収縮量の少ない突合せ継手
  b　溶着量の少ない突合せ継手
  c　溶着量の多い突合せ継手
  d　すみ肉継手

  次の設問【156】～【160】は直後熱およびPWHTについて述べている。正しいものを1つ選び，マークシートの解答欄の該当箇所にマークせよ。

【156】直後熱の目的はどれか。

  a　溶接部のじん性向上
  b　残留応力の緩和
  c　低温割れの防止
  d　継手強度の向上

【157】直後熱の一般的な温度はどれか。

  a　50～100℃
  b　100～150℃
  c　200～350℃
  d　550～650℃

【158】鋼のPWHTで効果がないのはどれか。

  a　残留応力の緩和
  b　溶接部のじん性向上
  c　HAZの軟化
  d　継手強度の向上

【159】PWHTで防止できる割れはどれか。

  a　応力腐食割れ（SCC）
  b　なし形（ビード）割れ
  c　延性低下割れ
  d　再熱割れ

【160】PWHTにおいて，鋼材（母材）の種類により決まるのはどれか。
a 炉入れ・炉から取出し時の炉内温度
b 最小保持時間
c 保持時間中の被加熱部全体にわたる温度差
d 最低保持温度

次の設問【161】～【165】は溶接割れについて述べている。正しいものを1つ選び，マークシートの解答欄の該当箇所にマークせよ。

【161】低温割れ発生の3つの主要因子はどれか。
a 拡散性水素，硬化組織，引張応力
b 拡散性水素，硬化組織，圧縮応力
c 拡散性水素，軟化組織，引張応力
d 拡散性水素，軟化組織，圧縮応力

【162】低温割れ防止の観点から選定すべき鋼材はどれか。
a 引張強さの高い鋼材
b C_{eq}の高い鋼材
c 切欠きじん性の低い鋼材
d P_{CM}の低い鋼材

【163】低温割れが最も発生しにくい溶接法はどれか。
a セルフシールドアーク溶接
b ソリッドワイヤを用いたマグ溶接
c ライムチタニア系溶接棒を用いた被覆アーク溶接
d 高セルロース系溶接棒を用いた被覆アーク溶接

【164】なし形（ビード）割れの防止策として有効なのはどれか。
a 開先角度を小さくする
b 開先角度を大きくする
c 余盛を高くする
d 余盛を低くする

【165】ラメラテアを防止するために低減する元素はどれか。
a S
b Ni
c O
d N

次の設問【166】～【170】は炭素鋼溶接継手の非破壊試験方法について述べている。正しいものを1つ選び，マークシートの解答欄の該当箇所にマークせよ。

【166】アンダカットの検出に適している試験方法はどれか。
a 目視試験
b 渦電流探傷試験
c 超音波探傷試験
d 放射線透過試験

【167】きずの深さ位置の推定に適している試験方法はどれか。

a　磁粉探傷試験
b　超音波探傷試験
c　放射線透過試験
d　ひずみ測定

【168】表層部の微細な割れの検出に適している試験方法はどれか。

a　磁粉探傷試験
b　目視試験
c　超音波探傷試験
d　放射線透過試験

【169】タングステン巻込みの検出に適している試験方法はどれか。

a　磁粉探傷試験
b　浸透探傷試験
c　超音波探傷試験
d　放射線透過試験

【170】表面に開口した欠陥のみが検出対象となる試験方法はどれか。

a　超音波探傷試験
b　浸透探傷試験
c　磁粉探傷試験
d　渦電流探傷試験

　次の設問【171】～【175】は溶接部内部の非破壊試験について述べている。正しいものを１つ選び，マークシートの解答欄の該当箇所にマークせよ。

【171】ブローホールはX線フィルム上にどのように写るか。

a　周辺に比べて白く直線状に写る
b　周辺に比べて黒く直線状に写る
c　周辺に比べて白く円形状に写る
d　周辺に比べて黒く円形状に写る

【172】放射線透過試験において，フィルムの像質を確認するために用いるのはどれか。

a　濃度計
b　透過度計
c　照度計
d　増感紙

【173】超音波の進行方向に対して，検出しやすい欠陥はどれか。

a　平行方向の欠陥
b　垂直方向の欠陥
c　45度傾斜した方向の欠陥
d　60度傾斜した方向の欠陥

【174】通常の超音波探傷器の基本表示（Aスコープ）画面の縦軸と横軸は何か。

a　縦軸は受信エコーの大きさ，横軸は探触子の位置
b　縦軸は探触子の位置，横軸は超音波の伝搬距離

c　縦軸は超音波の伝搬距離，横軸は探触子の位置
d　縦軸は受信エコーの大きさ，横軸は超音波の伝搬距離

【175】放射線透過試験が超音波探傷試験よりもすぐれる点はどれか。
a　欠陥深さ位置の推定
b　欠陥種類の判別
c　厚板材料の探傷
d　試験実施時の安全管理

　次の設問【176】～【180】は溶接部表面の非破壊試験について述べている。正しいものを1つ選び，マークシートの解答欄の該当箇所にマークせよ。

【176】目視試験に用いない測定器はどれか。
a　溶接ゲージ
b　限界ゲージ
c　ダイアルゲージ
d　ひずみゲージ

【177】磁粉探傷試験において試験体に直接電流を流す磁化方法はどれか。
a　電流貫通法
b　極間法
c　プロッド法
d　コイル法

【178】磁粉探傷試験に関する記述で正しいのはどれか。
a　チタン合金の検査に適用できる
b　高張力鋼の検査ではプロッド法が適用される
c　磁束の方向に直角なきずが検出できる
d　微細な欠陥の検出には非蛍光乾式磁粉が用いられる

【179】浸透探傷試験に関する記述で正しいのはどれか。
a　試験材料の温度の影響を受けない
b　表面粗さの影響を受けない
c　強磁性体のみに適用できる
d　非鉄金属にも適用できる

【180】速乾式現像法による溶剤除去性浸透探傷試験の手順はどれか。
a　前処理→浸透処理→除去処理→現像処理→観察
b　前処理→浸透処理→現像処理→除去処理→観察
c　前処理→除去処理→浸透処理→現像処理→観察
d　前処理→現像処理→浸透処理→除去処理→観察

　次の設問【181】～【185】はアーク光等に対する安全衛生について述べている。正しいものを1つ選び，マークシート解答欄の該当箇所にマークせよ。

【181】アーク光によって最も起きやすい急性眼炎はどれか。
a　結膜炎
b　緑内障

 c 電気性眼炎

 d 白内障

【182】溶接電流が250Aのマグ溶接で使用する標準のフィルタプレートの遮光度番号はどれか。

 a 7～8

 b 9～10

 c 11～12

 d 13～14

【183】次にあげる保護具でアーク光の照射防止に役立たないのはどれか。

 a 遮光幕，衝立

 b サングラス

 c 遮光めがね

 d 溶接用保護面

【184】レーザ切断において必要とされる遮光保護具について正しいのはどれか。

 a 遮光保護具は不要である

 b サングラスで十分である

 c アーク溶接用保護面で代用できる

 d 専用保護眼鏡のみ使える

【185】アーク溶接用保護面に付けるフィルタプレートで遮蔽できないのはどれか。

 a 紫外線

 b 可視光線

 c 赤外線

 d X線

　次の設問【186】～【190】はガス切断の安全衛生について述べている。正しいものを1つ選び，マークシートの解答欄の該当箇所にマークせよ。

【186】労働安全衛生規則で定める，ガス容器の保持温度はどれか。

 a 30℃以下

 b 40℃以下

 c 50℃以下

 d 60℃以下

【187】空気と混合した時に，爆発限界濃度（容量%）の範囲が最も広いのはどれか。

 a 水素

 b 天然ガス

 c プロパン

 d アセチレン

【188】JISで定める酸素用ガス容器とそのゴムホースの識別色はどれか。

 a 容器は緑色，ホースは緑色

 b 容器は緑色，ホースは青色

 c 容器は黒色，ホースは緑色

 d 容器は黒色，ホースは青色

【189】ガス切断に用いる安全器の役割はどれか。

  a　ガス漏れの検知
  b　ガス漏れの防止
  c　火傷の防止
  d　逆火の防止

【190】空気より重いガスはどれか。

  a　水素
  b　天然ガス
  c　プロパン
  d　アセチレン

次の設問【191】〜【195】は溶接ヒューム等に対する安全衛生について述べている。正しいものを1つ選び，マークシートの解答欄の該当箇所にマークせよ。

【191】溶接ヒュームによる障害でないものはどれか。

  a　金属熱
  b　白内障
  c　慢性気管支炎
  d　じん肺

【192】粉じん作業を行う時，休憩設備はどこに設けるか。

  a　休憩設備を設ける必要はない
  b　作業場とは別に設ける
  c　作業場内に設ける
  d　どこに設けても良い

【193】亜鉛，銅などを含むヒュームによって発症する急性症状はどれか。

  a　肺炎
  b　金属熱
  c　肺結核
  d　じん肺

【194】粉じん作業に該当する溶接作業はどれか。

  a　電子ビーム溶接
  b　拡散接合
  c　摩擦攪拌溶接
  d　マグ溶接

【195】同じ溶接電流で溶接する場合，ヒューム発生量が最も少ない溶接法はどれか。

  a　ティグ溶接
  b　マグ溶接
  c　被覆アーク溶接
  d　セルフシールドアーク溶接

次の設問【196】〜【200】は安全衛生について述べている。正しいものを一つ選び，マークシートの解答欄の該当箇所にマークせよ。

【196】板厚12mmの軟鋼を切断する場合，発生する騒音が最も低いのはどれか。

  a　シヤリング切断
  b　プラズマ切断
  c　ガス切断
  d　ウォータジェット切断

【197】溶接・切断作業が聴覚に与える影響で正しいのはどれか。

  a　高音域より中音域が有害とされる
  b　中音域より低音域が有害とされる
  c　高音域より低音域が有害とされる
  d　低音域より高音域が有害とされる

【198】JIS T 8161「防音保護具」に関する記述で正しいものはどれか。

  a　一種は全音域を，二種は高音域を遮音する
  b　一種は全音域を，二種は低音域を遮音する
  c　一種は高音域を，二種は全音域を遮音する
  d　一種は低音域を，二種は全音域を遮音する

【199】電撃防止装置のない交流アーク溶接機の感電事故について正しいのはどれか。

  a　アークが発生していない時は，発生中よりも感電の危険性は高い
  b　アークが発生していない時は，発生中よりも感電の危険性は低い
  c　アークが発生していない時も，発生中も感電の危険性は同じ
  d　アークが発生していない時も，発生中も感電の危険性は全くない

【200】換気装置のない狭あいな場所でマグ溶接によって発生した一酸化炭素はどうなるか。

  a　作業空間の上部に溜まる
  b　作業空間の下部に溜まる
  c　作業空間の中央部に溜まる
  d　作業空間全体に均一に拡散する

●2017年11月12日出題　2級試験問題●

解答例

【1】c，【2】b，【3】c，【4】b，【5】a，【6】a，【7】c，【8】c，
【9】b，【10】b，【11】c，【12】b，【13】d，【14】c，【15】c，【16】c，
【17】b，【18】b，【19】a，【20】d，【21】d，【22】d，【23】c，【24】b，
【25】a，【26】c，【27】a，【28】b，【29】d，【30】c，【31】a，【32】c，
【33】b，【34】a，【35】d，【36】b，【37】b，【38】b，【39】d，【40】c，
【41】c，【42】d，【43】b，【44】d，【45】d，【46】c，【47】a，【48】c，
【49】d，【50】c，【51】c，【52】d，【53】c，【54】a，【55】b，【56】c，

【57】d, 【58】b, 【59】d, 【60】c, 【61】a, 【62】c, 【63】a, 【64】b, 【65】b, 【66】c, 【67】b, 【68】d, 【69】a, 【70】a, 【71】b, 【72】b, 【73】b, 【74】a, 【75】c, 【76】c, 【77】a, 【78】c, 【79】b, 【80】d, 【81】a, 【82】d, 【83】a, 【84】a, 【85】c, 【86】c, 【87】d, 【88】a, 【89】a, 【90】c, 【91】c, 【92】c, 【93】b, 【94】c, 【95】c, 【96】a, 【97】b, 【98】b, 【99】d, 【100】b, 【101】d, 【102】c, 【103】a, 【104】d, 【105】c, 【106】b, 【107】b, 【108】b（解説：有効のど断面積＝のど厚×有効溶接長さ）, 【109】a（解説：すみ肉溶接継手なので許容せん断応力を採用する）, 【110】a（解説：許容最大荷重＝有効のど断面積×許容応力）, 【111】a, 【112】a, 【113】d, 【114】a, 【115】c, 【116】d, 【117】c, 【118】a, 【119】d, 【120】b, 【121】b, 【122】d, 【123】c, 【124】a, 【125】d, 【126】a, 【127】a, 【128】b, 【129】b, 【130】c, 【131】c, 【132】a, 【133】a, 【134】d, 【135】b, 【136】c, 【137】c, 【138】b, 【139】c, 【140】d, 【141】d, 【142】a, 【143】b, 【144】c, 【145】c, 【146】c, 【147】b, 【148】c, 【149】b, 【150】a, 【151】a, 【152】d, 【153】a, 【154】b, 【155】c, 【156】c, 【157】c, 【158】d, 【159】a, 【160】d, 【161】a, 【162】d, 【163】b, 【164】b, 【165】a, 【166】a, 【167】b, 【168】a, 【169】d, 【170】b, 【171】d, 【172】b, 【173】b, 【174】d, 【175】b, 【176】d, 【177】c, 【178】c, 【179】d, 【180】a, 【181】c, 【182】c, 【183】b, 【184】d, 【185】d, 【186】b, 【187】d, 【188】d, 【189】d, 【190】c, 【191】b, 【192】b, 【193】b, 【194】d, 【195】a, 【196】c, 【197】d, 【198】a, 【199】a, 【200】a,

2級試験問題

　次の設問【1】〜【5】は各種のアーク溶接法について述べている。正しいものを1つ選び，マークシートの解答欄の該当箇所にマークせよ。

【1】厚鋼板の下向突合せ継手の大電流自動溶接に用いられるアーク溶接法はどれか。
　　a　被覆アーク溶接
　　b　サブマージアーク溶接
　　c　エレクトロガスアーク溶接
　　d　アークスタッド溶接

【2】非消耗電極によるアルミニウム合金の溶接に用いられるアーク溶接法はどれか。
　　a　サブマージアーク溶接
　　b　エレクトロガスアーク溶接
　　c　ティグ溶接
　　d　ミグ溶接

【3】フラックス入りワイヤを用いシールドガスを流さずに溶接できるアーク溶接法はどれか。
　　a　エレクトロガスアーク溶接
　　b　セルフシールドアーク溶接
　　c　マグ溶接
　　d　ミグ溶接

【4】板厚20mmの鋼板を1パスで溶接する立向自動溶接に用いられるアーク溶接法はどれか。
　　a　エレクトロスラグ溶接
　　b　エレクトロガスアーク溶接
　　c　サブマージアーク溶接
　　d　セルフシールドアーク溶接

【5】ステンレス鋼のキーホール溶接に用いられるアーク溶接法はどれか。
　　a　プラズマアーク溶接
　　b　アークスタッド溶接
　　c　セルフシールドアーク溶接
　　d　エレクトロガスアーク溶接

　次の設問【6】〜【10】はアークの性質について述べている。正しいものを1つ選び，マークシートの解答欄の該当箇所にマークせよ。

【6】ティグアークのアーク柱の最高温度はどの程度か。
　　a　1,000℃
　　b　2,000℃
　　c　5,000℃

d　10,000℃以上

【7】プラズマについての記述で正しいものはどれか。
  a　電子やイオンなどが混在した導電性ガスである
  b　解離原子でできた非導電性ガスである
  c　液体と気体との混合組成である
  d　金属蒸気のみで構成されている

【8】電極軸延長方向にアークが発生しようとする性質は何と呼ばれているか。
  a　アークの慣性
  b　アークの直進性
  c　アークの硬直性
  d　アークの磁気吹き

【9】アークの軸方向に発生する高速のガス流は何と呼ばれているか。
  a　アーク力
  b　アークノイズ
  c　アークの磁気吹き
  d　プラズマ気流

【10】ワイヤ先端部からの溶滴離脱を促進する力はどれか。
  a　熱的ピンチ力
  b　電磁ピンチ力
  c　アークの反力
  d　アーク圧力

　次の設問【11】〜【15】はアークの磁気吹きについて述べている。正しいものを1つ選び，マークシートの解答欄の該当箇所にマークせよ。

【11】鋼板のアーク溶接で磁気吹きの原因となるのはどれか。
  a　シールドガス流量
  b　電源電圧の変動
  c　電圧の脈動（リップル）
  d　溶接電流

【12】磁気吹きが最も発生しやすい鋼溶接継手の部位はどれか。
  a　溶接始終端部
  b　溶接線中央部
  c　多層溶接の中間パス
  d　多層溶接の最終パス

【13】磁気吹きが発生しやすい溶接法はどれか。
  a　直流アーク溶接
  b　交流アーク溶接
  c　交流パルス溶接
  d　レーザ溶接

【14】磁気吹きが発生しやすい場合はどれか。
  a　電波が非対称にアークへ作用する場合

　　b　電波が対称にアークへ作用する場合
　　c　磁界が非対称にアークへ作用する場合
　　d　磁界が対称にアークへ作用する場合

【15】磁気吹きを抑制するために有効な方法はどれか。
　　a　溶接ケーブルを１箇所に接続する
　　b　溶接ケーブルを数か所に分けて接続する
　　c　溶接線の中央部のみに溶接ケーブルを接続する
　　d　絶縁物を介して溶接ケーブルを接続する

　　次の設問【16】～【20】はマグ溶接について述べている。正しいものを１つ選び，マークシートの解答欄の該当箇所にマークせよ。

【16】直流溶接で溶接トーチのケーブルを接続する電源端子はどれか。
　　a　電源に設けたアース端子
　　b　プラス側出力端子
　　c　マイナス側出力端子
　　d　プラス側かマイナス側かのどちらの出力端子でもよい

【17】電流調整つまみを操作して変化させるのは何か。
　　a　ワイヤ送給速度
　　b　入力電流
　　c　入力電圧
　　d　出力電圧

【18】溶接ワイヤの送給が高速になる理由はどれか。
　　a　電気伝導度が高い
　　b　熱伝導度が高い
　　c　電流密度が高い
　　d　電位傾度が高い

【19】ワイヤ突出し部で発生する抵抗発熱について正しいのはどれか。
　　a　抵抗発熱は溶接電流に比例する
　　b　抵抗発熱はワイヤ径のみに影響される
　　c　抵抗発熱はワイヤ突出し長さのみに影響される
　　d　抵抗発熱はワイヤ径とワイヤ突出し長さの両方に影響される

【20】アンダカットやハンピングが発生しやすい溶接条件はどれか。
　　a　溶接電流が小さく，溶接速度が遅い場合
　　b　溶接電流が小さく，溶接速度が速い場合
　　c　溶接電流が大きく，溶接速度が遅い場合
　　d　溶接電流が大きく，溶接速度が速い場合

　　次の設問【21】～【25】はパルスマグ溶接ついて述べている。正しいものを１つ選び，マークシートの解答欄の該当箇所にマークせよ。

【21】用いられるシールドガスはどれか。
　　a　100%CO_2
　　b　20%Ar + 80%CO_2

 c 50%Ar + 50%CO$_2$
 d 80%Ar + 20%CO$_2$

【22】溶滴のスプレー移行に大きく関与する因子はどれか。
 a パルス期間とベース期間
 b パルス電流とベース電流
 c パルス期間とパルス電流
 d ベース期間とベース電流

【23】大電流を通電する期間を何と呼ぶか。
 a アーク期間
 b 短絡期間
 c パルス期間
 d ベース期間

【24】小電流を通電する期間を何と呼ぶか。
 a アーク期間
 b 短絡期間
 c パルス期間
 d ベース期間

【25】パルス周期に同期して，1個の溶滴がワイヤ端から離脱する移行形態はどれか。
 a 1パルス1溶滴移行
 b 1パルス2溶滴移行
 c 2パルス1溶滴移行
 d 2パルス3溶滴移行

 次の設問【26】〜【30】は溶接電源について述べている。正しいものを1つ選び，マークシートの解答欄の該当箇所にマークせよ。

【26】出力の制御素子はどれか。
 a ダイオード
 b ヒューズ
 c コンデンサ
 d サイリスタ

【27】JIS C 9300が定める定格使用率はどれか。
 a 溶接に使用する電流を通電した時間（分）の10分に対する割合
 b 定格出力電流を通電した時間（分）の10分に対する割合
 c 溶接に使用する電流を通電した時間（分）の60分に対する割合
 d 定格出力電流を通電した時間（分）の60分に対する割合

【28】マグ溶接用直流アーク電源などに組み込まれているリアクタの役割はどれか。
 a 定格負荷電圧を高くする
 b 定格使用率を高くする
 c 溶接電流の脈動（リップル）を抑える
 d 交流を直流に変換する

【29】無負荷電圧の正しい記述はどれか。
 a 溶接電源に供給する入力側の電源電圧

   b   溶接電流が流れていないときの溶接電源の出力電圧
   c   溶接電流が流れているときの溶接電源の出力電圧
   d   溶接電流が流れているときの溶接電源への入力電圧

【30】インバータ制御溶接電源の溶接変圧器の大きさについての正しい記述はどれか。
   a   インバータの制御周波数にほぼ比例する
   b   インバータの制御周波数にほぼ反比例する
   c   インバータの制御周波数に関係しない
   d   溶接電流にほぼ反比例する

   次の設問【31】〜【35】はプラズマアーク溶接について述べている。正しいものを1つ選び，マークシートの解答欄の該当箇所にマークせよ。

【31】アークを細く絞るために用いるトーチ部品はどれか。
   a   インシュレータ
   b   コレット
   c   拘束ノズル
   d   オリフィス

【32】上記トーチ部品のアークを細く絞る作用はどれか。
   a   クリーニング作用
   b   熱的ピンチ効果
   c   電磁ピンチ効果
   d   表皮効果

【33】プラズマを発生させるために用いる作動ガス（プラズマガス）はどれか。
   a   アルゴン（Ar）
   b   アルゴンと酸素の混合ガス（$Ar+O_2$）
   c   アルゴンと炭酸ガスの混合ガス（$Ar+CO_2$）
   d   アルゴン（Ar）と空気の混合ガス

【34】電極の材質はどれか。
   a   銅
   b   タングステン
   c   ハフニウム
   d   ジルコニウム

【35】強いアーク力によって，アーク直下に形成される貫通穴の名称はどれか。
   a   ブローホール
   b   スルーホール
   c   ピンホール
   d   キーホール

   次の設問【36】〜【40】は切断に用いるエネルギーについて述べている。正しいものを1つ選び，マークシートの解答欄の該当箇所にマークせよ。

【36】軟鋼のガス切断に用いるエネルギーはどれか。
   a   電気的エネルギー
   b   化学的エネルギー

c　力学的エネルギー

d　光学的エネルギー

【37】ステンレス鋼のパウダ切断に用いるエネルギーはどれか。

a　電気的エネルギー

b　化学的エネルギー

c　力学的エネルギー

d　光学的エネルギー

【38】アルミニウム合金のプラズマ切断に用いるエネルギーはどれか。

a　電気的エネルギー

b　化学的エネルギー

c　力学的エネルギー

d　光学的エネルギー

【39】ステンレス鋼のレーザ切断に用いるエネルギーはどれか。

a　電気的エネルギー

b　化学的エネルギー

c　力学的エネルギー

d　光学的エネルギー

【40】セラミックスのウォータジェット切断に用いるエネルギーはどれか。

a　電気的エネルギー

b　化学的エネルギー

c　力学的エネルギー

d　光学的エネルギー

　次の設問【41】～【45】は鋼について述べている。正しいものを1つ選び，マークシートの解答欄の該当箇所にマークせよ。

【41】炭素鋼の炭素含有量（%）の範囲はどれか。

a　0.02～0.2

b　0.02～0.7

c　0.02～2.0

d　0.02～4.3

【42】鋳鉄の炭素含有量（%）の範囲はどれか。

a　0.02以下

b　0.02～0.7

c　0.7～4.3

d　2.0～6.6

【43】炭素含有量0.15%の鋼を1000℃から徐冷したときの室温組織はどれか。

a　オーステナイトとフェライト

b　パーライトとオーステナイト

c　フェライトとパーライト

d　マルテンサイトとオーステナイト

【44】炭素含有量0.15%の鋼を1000℃から水冷したときの室温組織はどれか。

a　フェライト

b　パーライト
c　オーステナイト
d　マルテンサイト

【45】炭素鋼におけるパーライト組織はどれか。

a　フェライトとセメンタイトの混合組織
b　オーステナイトとフェライトの混合組織
c　オーステナイトとセメンタイトの混合組織
d　マルテンサイトとフェライトの混合組織

　次の設問【46】～【50】は鋼材規格について述べている。正しいものを1つ選び，マークシートの解答欄の該当箇所にマークせよ。

【46】JIS鋼材規格の材料記号SS400などで，記号のあとに続く数字が表すものはどれか。

a　疲れ強さの下限値
b　降伏点又は0.2%耐力の下限値
c　引張強さの下限値
d　硬さの下限値

【47】一般構造用圧延鋼材SS400で規定されている元素はどれか。

a　C
b　Si
c　Mn
d　S

【48】溶接構造用圧延鋼材SM400Aにはなくて，SM400B，SM400Cに規定されているのはどれか。

a　引張強さ
b　降伏点又は耐力
c　シャルピー吸収エネルギー
d　疲れ強さ

【49】建築構造用圧延鋼材SN400Cで耐ラメラテアのために規定されている元素はどれか。

a　C
b　N
c　P
d　S

【50】SS材及びSM材には規定がなく，SN材B種及びC種に規定されているのはどれか。

a　引張強さ
b　シャルピー吸収エネルギー
c　炭素当量
d　化学当量

　次の設問【51】～【55】は各種鋼材について述べている。正しいものを1つ選び，マークシートの解答欄の該当箇所にマークせよ。

【51】高張力鋼の分類基準となる引張強さはどれか。

a　390 N/mm^2

b　490 N/mm²
c　590 N/mm²
d　690 N/mm²

【52】低温用鋼で特に必要な特性はどれか。
a　引張強さ
b　絞り
c　切欠きじん性
d　耐食性

【53】低温用として用いられる鋼はどれか。
a　工具鋼
b　SS400鋼
c　9%Ni鋼
d　9Cr-1Mo鋼

【54】高温用鋼で特に重視される特性はどれか。
a　制振性
b　座屈強さ
c　クリープ強さ
d　破断伸び

【55】耐食性を高めるために添加される元素はどれか。
a　Mn, Si
b　Cu, Cr
c　V, Nb
d　P, S

次の設問【56】～【60】は鋼溶接部の組織について述べている。正しいものを1つ選び，マークシートの解答欄の該当箇所にマークせよ。

【56】炭素鋼の溶接部で，最もぜい化している領域はどれか。
a　溶接金属
b　粗粒域
c　細粒域
d　球状パーライト域（二相域）

【57】炭素鋼の溶接部で，じん性が良好な領域はどれか。
a　溶接金属
b　粗粒域
c　細粒域
d　球状パーライト域（二相域）

【58】高張力鋼を過大な入熱で溶接した場合に生じる，じん性劣化の原因はどれか。
a　熱影響部の硬化
b　結晶粒の粗大化
c　溶接金属の酸化
d　熱影響部の軟化

【59】溶接熱影響部の最高硬さの推定に用いられるものはどれか。
　　a　炭素当量
　　b　クロム当量
　　c　ニッケル当量
　　d　化学当量

【60】溶接熱影響部の硬さについて正しい記述はどれか。
　　a　同じ溶接条件では板厚が薄いほど硬くなる
　　b　同じ溶接条件では板厚が厚いほど硬くなる
　　c　同じ溶接条件では水素量が少ないほど硬くなる
　　d　同じ溶接条件では水素量が多いほど硬くなる

　　次の設問【61】～【65】は溶接欠陥について述べている。正しいものを1つ選び，マークシートの解答欄の該当箇所にマークせよ。

【61】ビード表面に生じた孔はどれか。
　　a　ピット
　　b　アンダカット
　　c　ブローホール
　　d　ラメラテア

【62】シールドが不完全となって発生した溶接欠陥はどれか。
　　a　オーバラップ
　　b　アンダカット
　　c　ブローホール
　　d　ラメラテア

【63】溶融したフラックスが溶接金属内に介在物として残った溶接欠陥はどれか。
　　a　オーバラップ
　　b　アンダカット
　　c　ブローホール
　　d　スラグ巻込み

【64】溶接金属が止端部で母材と融合せずに重なった溶接欠陥はどれか。
　　a　オーバラップ
　　b　アンダカット
　　c　ブローホール
　　d　スラグ巻込み

【65】ビード止端部に沿って母材が掘られ，溝となって残った溶接欠陥はどれか。
　　a　オーバラップ
　　b　アンダカット
　　c　ブローホール
　　d　スラグ巻込み

　　次の設問【66】～【70】は溶接割れについて述べている。正しいものを1つ選び，マークシートの解答欄の該当箇所にマークせよ。

【66】溶融金属が最後に凝固した位置に生じる，溶接金属内の割れはどれか。
- a　液化割れ
- b　延性低下割れ
- c　遅れ割れ
- d　凝固割れ

【67】低温割れの要因となる気体はどれか。
- a　酸素
- b　窒素
- c　アルゴン
- d　水素

【68】低温割れについて正しいのはどれか。
- a　溶接金属の凝固過程で生じる
- b　800℃から500℃の間で生じる
- c　溶接直後から数日以内に生じる
- d　1ヶ月以上経過後に生じる

【69】　次の元素のうち，溶接割れ感受性組成 P_{CM} で最も係数が大きいのはどれか。
- a　C
- b　Si
- c　Mn
- d　Ni

【70】再熱割れが生じる時期はいつか。
- a　予熱処理時
- b　焼入れ処理時
- c　直後熱処理時
- d　溶接後熱処理時

　　次の設問【71】～【75】は溶接材料について述べている。正しいものを1つ選び，マークシートの解答欄の該当箇所にマークせよ。

【71】被覆アーク溶接棒の被覆剤の役割はどれか。
- a　ヒュームの発生を容易にする
- b　アークの維持を容易にする
- c　水素ガスの発生を容易にする
- d　溶接金属の酸化を容易にする

【72】イルミナイト系溶接棒の特徴はどれか。
- a　溶込みが浅く，薄板溶接用として優れている
- b　300～400℃に乾燥しても作業性が変わらない
- c　水素量が少ない
- d　溶込みが深く，ブローホールの発生も少ない

【73】低水素系被覆アーク溶接棒の役割はどれか。
- a　溶込みの増加
- b　耐割れ性の向上
- c　スラグ剥離性の改善

d　耐酸化性の向上

【74】サブマージアーク溶接用溶融フラックスの特徴はどれか。
　a　耐吸湿性が優れている
　b　水にぬれても使用できる
　c　合金元素の添加が容易である
　d　スラグの剥離性が悪い

【75】サブマージアーク溶接用ボンドフラックスの特徴はどれか。
　a　耐吸湿性が優れている
　b　水にぬれても使用できる
　c　合金元素の添加が容易である
　d　高速溶接性に優れている

　次の設問【76】～【80】はミグ・マグ溶接について述べている。正しいものを1つ
選び，マークシートの解答欄の該当箇所にマークせよ。

【76】ミグ溶接に使用されるシールドガスはどれか。
　a　炭酸ガス
　b　炭酸ガスとアルゴンの混合ガス
　c　アルゴン
　d　アルゴンと窒素の混合ガス

【77】マグ溶接に使用されるシールドガスはどれか。
　a　窒素
　b　炭酸ガス
　c　水素
　d　アセチレン

【78】マグ溶接が被覆アーク溶接に比べて，優れているのはどれか。
　a　高温割れの防止
　b　再熱割れの防止
　c　低温割れの防止
　d　アンダカットの防止

【79】マグ溶接で，ブローホールを抑制するために，溶接ワイヤに添加されている元素は
　　どれか。
　a　Cr
　b　Mn
　c　Ni
　d　N

【80】YGW15で，記号YGWが表す内容は何か。
　a　適用鋼種
　b　シールドガス
　c　ソリッドワイヤ
　d　フラックス入りワイヤ

　次の設問【81】～【85】はステンレス鋼について述べている。正しいものを 1 つ選び，マークシートの解答欄 の該当箇所にマークせよ。

【81】オーステナイト系ステンレス鋼はどれか。
　　a　SUS410
　　b　SUS430
　　c　SUS304
　　d　SUS329J1

【82】フェライト系ステンレス鋼はどれか。
　　a　SUS410
　　b　SUS430
　　c　SUS304
　　d　SUS329J1

【83】オーステナイト系ステンレス鋼の溶接で生じやすい割れはどれか。
　　a　凝固割れ
　　b　ラメラテア
　　c　ビード下割れ
　　d　低温割れ

【84】磁粉探傷試験が適用できないステンレス鋼はどれか。
　　a　オーステナイト系ステンレス鋼
　　b　フェライト系ステンレス鋼
　　c　二相ステンレス鋼
　　d　マルテンサイト系ステンレス鋼

【85】熱膨張係数が最も大きいステンレス鋼はどれか。
　　a　オーステナイト系ステンレス鋼
　　b　フェライト系ステンレス鋼
　　c　二相ステンレス鋼
　　d　マルテンサイト系ステンレス鋼

　次の設問【86】～【90】は材料力学の基礎について述べている。正しいものを 1 つ選び，マークシートの解答欄の該当箇所にマークせよ。

【86】　応力の単位はどれか。
　　a　N（ニュートン）
　　b　Nm
　　c　N/m
　　d　N/m^2（又は Pa）

【87】ひずみの単位はどれか。
　　a　mm
　　b　in（インチ）
　　c　%
　　d　単位はなし

【88】曲げモーメントが作用するはりで，最大曲げ応力が生じるのはどの位置か。

 a　はり高さの中央
 b　はり高さの1/4の位置
 c　はりの上面又は下面
 d　曲げ応力は，はり断面内で一様

【89】曲げモーメントが作用するはりの，断面内の曲げ応力の総和はどうなるか。

 a　圧縮力
 b　0（ゼロ）
 c　引張力
 d　断面形状によって，圧縮力又は引張力になる

【90】両端を閉じた内圧を受ける薄肉円筒容器の軸方向応力と周方向応力の関係はどれか。

 a　軸方向応力＝2×周方向応力
 b　軸方向応力＝周方向応力
 c　周方向応力＝2×軸方向応力
 d　周方向応力＝4×軸方向応力

　次の設問【91】～【95】は溶接継手の強さについて述べている。正しいものを1つ選び，マークシートの解答欄の該当箇所にマークせよ。

【91】溶接継手の引張強さは，残留応力の影響をどのように受けるか。

 a　引張残留応力が存在すると増加する
 b　引張残留応力が存在すると低下する
 c　圧縮残留応力が存在すると増加する
 d　残留応力が存在しても影響を受けない

【92】溶接継手（余盛付き）の疲れ強さは，機械的性質の影響をどのように受けるか。

 a　材料の降伏点が大きいほど大きくなる
 b　材料の降伏点が大きいほど小さくなる
 c　材料の引張強さが大きいほど大きくなる
 d　材料の引張強さにほぼ無関係である

【93】溶接継手の（高サイクル）疲れ強さは，残留応力の影響をどのように受けるか。

 a　引張残留応力が存在すると増加する
 b　引張残留応力が存在すると低下する
 c　圧縮残留応力が存在すると低下する
 d　残留応力が存在しても影響を受けない

【94】溶接継手のぜい性破壊を生じにくい材料はどれか。

 a　破面遷移温度の高い材料
 b　破面遷移温度の低い材料
 c　炭素当量の高い材料
 d　引張強さの低い材料

【95】溶接継手のぜい性破壊に最も大きな影響を及ぼす欠陥はどれか。

 a　ポロシティ
 b　スラグ巻込み
 c　割れ

　　d　アンダフィル

　次の設問【96】〜【100】は溶接変形について述べている。正しいものを1つ選び，マークシートの解答欄の該当箇所にマークせよ。

【96】溶接線方向に生じる面内変形はどれか。
　　a　横収縮
　　b　縦収縮
　　c　縦曲り変形
　　d　角変形（横曲り変形）

【97】溶接線に直角方向に生じる面内変形はどれか。
　　a　横収縮
　　b　縦収縮
　　c　縦曲り変形
　　d　角変形（横曲り変形）

【98】溶接線方向の断面でみられる面外変形はどれか。
　　a　横収縮
　　b　縦収縮
　　c　縦曲り変形
　　d　角変形（横曲り変形）

【99】溶接線に直角方向の断面でみられる面外変形はどれか。
　　a　横収縮
　　b　縦収縮
　　c　縦曲り変形
　　d　角変形（横曲り変形）

【100】溶接中に開先幅が変化する変形はどれか。
　　a　座屈変形
　　b　回転変形
　　c　クリープ変形
　　d　塑性変形

　次の設問【101】〜【105】はJIS Z 3021 溶接記号について述べている。正しいものを1つ選び，マークシートの解答欄の該当箇所にマークせよ。

【101】図Aの溶接記号で表される開先形状はどれか。

　　a
　　b
　　c
　　d

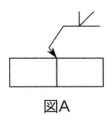

図A

【102】図Bの溶接記号が表している継手はどれか。

  a 脚長7mmの千鳥断続すみ肉溶接継手

  b 脚長7mmの並列断続すみ肉溶接継手

  c のど厚7mmの千鳥断続すみ肉溶接継手

  d のど厚7mmの並列断続すみ肉溶接継手

【103】図Bの溶接記号の数字50と200を表している説明はどれか。

  a 1つの溶接長が50mmで，ビード端間距離が200mm

  b 1つの溶接長が50mmで，ピッチが200mm

  c 1つの溶接長が200mmで，ビード端間距離が50mm

  d 1つの溶接長が200mmで，ピッチが50mm

図B

【104】図Cの溶接記号で表される継手はどれか。

  a 開先深さ8mm，溶接深さ10mm，右側部材の矢と反対側にレ形開先

  b 開先深さ10mm，溶接深さ8mm，右側部材の矢と反対側にレ形開先

  c 開先深さ8mm，溶接深さ10mm，右側部材の矢の側にレ形開先

  d 開先深さ10mm，溶接深さ8mm，右側部材の矢の側にレ形開先

図C

【105】図Cの溶接記号UT－○が表している説明はどれか。

  a 全線の超音波探傷試験を矢の側から行う。

  b 現場で超音波探傷試験を矢の側から行う。

  c 全線の超音波探傷試験を矢と反対側から行う。

  d 現場で超音波探傷試験を矢と反対側から行う。

　次の設問【106】〜【110】は，下図の溶接継手に引張荷重が作用する場合の許容最大荷重を算定する手順を示している。正しいものを1つ選び，マークシートの解答欄の該当箇所にマークせよ。ただし，許容引張応力は140 N/mm²，許容せん断応力は80 N/mm² とする。

【106】溶接継手ののど厚は何mmか。

  a 5 mm

  b 10 mm

  c 12 mm

  d 20 mm

【107】有効溶接長さは何mmか。

  a 100 mm

  b 120 mm

  c 200 mm

  d 240 mm

【108】有効のど断面積は何mm²か。

  a 500 mm²

  b 1,000 mm²

  c 1,200 mm²

  d 1,440 mm²

【109】この継手の許容応力は何N/mm^{2}か。

  a   80 N/mm^2

  b   110 N/mm^2

  c   140 N/mm^2

  d   220 N/mm^2

【110】許容最大荷重はいくらか。

  a   80 kN

  b   96 kN

  c   140 kN

  d   168 kN

　次の設問【111】～【115】は溶接継手設計について述べている。正しいものを1つ選び，マークシートの解答欄の該当箇所にマークせよ。

【111】板厚の異なる部材の完全溶込み突合せ溶接継手の，強度計算に用いるのど厚はどれか。

  a   厚い方の板厚

  b   薄い方の板厚

  c   両板厚の平均厚さ

  d   両板厚の差

【112】部分溶込み突合せ溶接継手の，強度計算に用いるのど厚はどれか。

  a   開先深さ

  b   開先深さ＋溶込み深さ

  c   開先深さ＋余盛高さ

  d   開先深さ＋溶込み深さ＋余盛高さ

【113】不等脚長の凸型すみ肉溶接のサイズはどれか。

  a   短い方の脚長

  b   長い方の脚長

  c   短い方の脚長×0.7

  d   長い方の脚長×0.7

【114】安全率を大きくすると，許容応力はどうなるか。

  a   小さくなる

  b   変化しない

  c   大きくなる

  d   突合せ溶接継手では大きくなるが，すみ肉溶接継手では小さくなる

【115】静的荷重を受ける場合，溶接継手の許容応力は母材の許容応力と比べてどうか。

  a   高い

  b   同じ

  c   低い

  d   母材の許容応力とは無関係

　次の設問【116】～【120】は品質管理について述べている。正しいものを1つ選び，マークシートの解答欄の該当箇所にマークせよ。

【116】品質マネジメントシステム規格はどれか。

   a　ISO 3834（JIS Z 3400）
   b　ISO 9001（JIS Q 9001）
   c　ISO 14001（JIS Q 14001）
   d　ISO 15607（JIS Z 3420）

【117】品質マネジメントシステム規格で使用されている用語はどれか。

   a　雇用創出
   b　組織改革
   c　継続的改善
   d　6シグマ

【118】ISO 14731（JIS Z 3410）は何を定めた規格か。

   a　金属材料の溶接施工要領及びその承認－一般原則
   b　溶接管理－任務及び責任
   c　金属材料の融接に関する品質要求事項
   d　環境マネジメントシステム－要求事項及び利用の手引き

【119】品質方針を設定するのは誰か。

   a　中間管理者
   b　溶接管理技術者
   c　顧客
   d　トップマネジメント

【120】製造の品質はどれか。

   a　ねらいの品質
   b　できばえの品質
   c　サービスの品質
   d　検査の品質

　次の設問【121】～【125】は溶接管理技術者の任務について述べている。正しいものを1つ選び，マークシートの解答欄の該当箇所にマークせよ。

【121】溶接施工要領の策定において，製造品質面で考慮すべきものはどれか。

   a　鋼材選定
   b　立会検査員選定
   c　溶接作業管理
   d　溶接技能者育成計画

【122】材料管理に関わる任務はどれか。

   a　母材の識別，保管及び取扱いの計画
   b　母材部の品質及び合否判定基準の決定
   c　溶接施工法の承認取得
   d　溶接パスごとの温度計測

【123】生産計画の立案に関わる任務はどれか。

   a　構造設計強度のレビュー
   b　溶接順序の決定
   c　補修位置の確認

  d 作業記録の作成

【124】試験・検査に関わる任務はどれか。
  a 溶接継手位置の決定
  b 溶接技能者の教育
  c 溶接作業指示書の発行
  d 非破壊検査の要否判断

【125】溶接結果の評価に関わる任務はどれか。
  a 溶接補修の要否判断
  b 溶接順序の決定
  c 非破壊検査記録の作成
  d 寸法記録の作成

 次の設問【126】〜【130】は溶接施工要領について述べている。正しいものを1つ選び，マークシートの解答欄の該当箇所にマークせよ。

【126】溶接施工要領書を示すのはどれか。
  a WPT（Welding Procedure Test）
  b WPQR（Welding Procedure Qualification Record）
  c pWPS（preliminary Welding Procedure Specification）
  d WPS（Welding Procedure Specification）

【127】溶接施工要領書に記載すべきものはどれか。
  a 開先形状
  b 溶接棒の乾燥条件
  c 溶接コスト
  d 溶接技能者名

【128】鋼の突合せ溶接（完全溶込み）の溶接施工法試験で必ず要求される試験はどれか。
  a 衝撃試験
  b 溶接金属引張試験
  c 継手引張試験
  d 疲労試験

【129】溶接施工法承認記録で承認されるのはどれか。
  a 溶接作業者
  b 鋼材の供給メーカ
  c 溶接材料の種類
  d 溶接機の型式

【130】溶接確認項目（エッセンシャルバリアブル）はどれか。
  a 溶接継手の品質に影響を与える項目
  b 客先承認項目
  c 溶接設計に必要な項目
  d 過去の溶接実績

 次の設問【131】〜【135】は溶接入熱及び冷却速度について述べている。正しいものを1つ選び，マークシートの解答欄の該当箇所にマークせよ。

【131】溶接入熱の計算に必要なのはどれか。

- a　アーク電圧，溶接速度，パス間温度
- b　アーク電圧，溶接速度，溶接電流
- c　アーク電圧，溶接電流，パス間温度
- d　溶接電流，溶接速度，パス間温度

【132】溶接入熱に反比例するのはどれか。

- a　アーク電圧
- b　溶接速度
- c　パス間温度
- d　溶接電流

【133】炭素鋼（板厚25 mm）を立向溶接する場合，1パス当りの入熱が最も大きい溶接はどれか。

- a　ティグ溶接
- b　被覆アーク溶接
- c　マグ溶接
- d　エレクトロガスアーク溶接

【134】パス間温度を高くすると溶接部の冷却速度はどうなるか。

- a　速くなる
- b　遅くなる
- c　変わらない
- d　溶接入熱により速くなる場合と遅くなる場合がある

【135】溶接入熱が同じ場合，突合せ溶接とＴ形すみ肉溶接との冷却速度の比較で，正しいのはどれか。

- a　突合せ溶接の冷却速度＞Ｔ形すみ肉溶接の冷却速度
- b　突合せ溶接の冷却速度＝Ｔ形すみ肉溶接の冷却速度
- c　突合せ溶接の冷却速度＜Ｔ形すみ肉溶接の冷却速度
- d　どちらの冷却速度が速いかは，溶接長さに依存する

　次の設問【136】～【140】は予熱について述べている。正しいものを1つ選び，マークシートの解答欄の該当箇所にマークせよ。

【136】予熱により防止できる割れはどれか。

- a　再熱割れ
- b　高温割れ
- c　低温割れ
- d　応力腐食割れ

【137】予熱に用いられていない方法はどれか。

- a　ガス炎加熱
- b　電気抵抗加熱
- c　プラズマ加熱
- d　炉中加熱

【138】必要な予熱範囲はどれか。

- a　開先内部のみ

   b   開先を挟んで片側あたり20～50 mm
   c   開先を挟んで片側あたり50～100 mm
   d   開先を挟んで片側あたり100～200 mm

【139】厚鋼板の予熱作業で正しいのはどれか。
   a   目標温度に達したら加熱をやめる
   b   目標温度に達した後も加熱作業を継続し，その温度を維持する
   c   溶接が始まれば，開先部の温度が目標温度以下になってもよい
   d   溶接を中断して再溶接する場合は予熱不要である

【140】1.25Cr-0.5Mo鋼の適切な予熱及びパス間温度はどれか。
   a   0～50℃
   b   50～100℃
   c   150～300℃
   d   350～450℃

   次の設問【141】～【145】は加工について述べている。正しいものを1つ選び，マークシートの解答欄の該当箇所にマークせよ。

【141】開先精度管理に含まれないものはどれか。
   a   開先角度
   b   角変形
   c   目違い
   d   ルート間隔

【142】U開先の加工に用いられる方法はどれか。
   a   プラズマ切断
   b   機械切削
   c   ウォータジェット切断
   d   レーザ切断

【143】ガス切断による開先加工時に生じる欠陥はどれか。
   a   ポロシティ
   b   バタリング
   c   アンダカット
   d   ノッチ

【144】冷間加工で注意すべきことはどれか。
   a   じん性の劣化
   b   強度の低下
   c   結晶粒の粗大化
   d   高温割れ感受性の増大

【145】焼戻し温度以下で熱間加工すべき鋼材はどれか。
   a   軟鋼
   b   低炭素鋼
   c   非調質高張力鋼
   d   調質高張力鋼

　次の設問【146】〜【150】はガウジングについて述べている。正しいものを1つ選び，マークシートの解答欄の該当箇所にマークせよ。

【146】ガウジングで作るのはどれか。
 a 裏当て金
 b ストロングバック
 c 裏開先
 d ストップホール

【147】エアアークガウジングに使用される電極材料はどれか。
 a 炭素
 b タングステン
 c 低合金鋼
 d ハフニウム

【148】エアアークガウジングでノズルから噴出させる気体はどれか。
 a 酸素
 b 窒素
 c 水素
 d 空気

【149】エアアークガウジングを用いた裏はつりにおいて，付着して割れを発生させる恐れがあるのはどれか。
 a プライマ
 b 炭素
 c 油脂
 d タングステン

【150】エアアークガウジングの代わりに用いられるガウジング法はどれか。
 a アークスタッド
 b プラズマアーク
 c 電子ビーム
 d ティグアーク

　次の設問【151】〜【155】は溶接変形の低減について述べている。正しいものを1つ選び，マークシートの解答欄の該当箇所にマークせよ。

【151】溶接による収縮量をあらかじめ見込んで，溶接部材寸法を大きくする処置はどれか。
 a ならい
 b 溶接残し
 c 伸ばし
 d 角まわし

【152】溶接による角変形を小さくする方法はどれか。
 a カスケード法
 b バタリング法
 c 飛石法
 d 逆ひずみ法

【153】突合せ継手で横収縮を低減させる方法はどれか。
　a　開先断面積を小さくする
　b　開先角度を大きくする
　c　目違い修正ピースを用いる
　d　スカラップを用いる

【154】ストロングバックで防止できる溶接変形はどれか。
　a　座屈変形
　b　縦収縮
　c　角変形
　d　縦曲り変形

【155】溶接変形の矯正に用いられる方法はどれか。
　a　PWHT（溶接後熱処理）
　b　線状加熱
　c　テンパビード法
　d　カスケード法

　次の設問【156】〜【160】はPWHT（溶接後熱処理）について述べている。正しいものを1つ選び，マークシートの解答欄の該当箇所にマークせよ。

【156】PWHTの目的はどれか。
　a　再熱割れ防止
　b　高温割れ防止
　c　継手強度向上
　d　残留応力低減

【157】PWHTで生じる割れはどれか。
　a　低温割れ
　b　高温割れ
　c　再熱割れ
　d　ラメラテア

【158】PWHT（JIS Z 3700）において，鋼材（母材）の種類により決まるのはどれか。
　a　炉入れ・炉から取出し時の炉内温度
　b　最小保持時間
　c　保持時間中の被加熱部全体にわたる温度差
　d　最低保持温度

【159】PWHT（JIS Z 3700）において，板厚により決まるのはどれか。
　a　炉入れ・炉から取出し時の炉内温度
　b　最小保持時間
　c　保持時間中の被加熱部全体にわたる温度差
　d　最低保持温度

【160】PWHTが通常要求される材料はどれか。
　a　Cr-Mo鋼
　b　5083アルミニウム合金
　c　SUS304ステンレス鋼

　　d　SUS316ステンレス鋼

　次の設問【161】～【165】はマグ溶接について述べている。正しいものを1つ選び，マークシートの解答欄の該当箇所にマークせよ。

【161】最大ウィービング幅の目安はノズル口径の何倍か。
　　a　0.2倍
　　b　0.5倍
　　c　1.5倍
　　d　5倍

【162】JASS 6 鉄骨工事の規定で，防風対策が必要な風速の最小値はどれか。
　　a　1 m/秒
　　b　2 m/秒
　　c　5 m/秒
　　d　10 m/秒

【163】溶接電流・溶接速度を一定にして，アーク電圧を高くするとどうなるか。
　　a　ビード幅は狭く，余盛が低くなる
　　b　ビード幅は狭く，余盛が高くなる
　　c　ビード幅は広く，余盛が低くなる
　　d　ビード幅は広く，余盛が高くなる

【164】溶接電流・突出し長さを一定にして，太径ワイヤを細径ワイヤに変えるとどうなるか。
　　a　ワイヤ電流密度が低くなり，ワイヤ溶融速度が遅くなる
　　b　ワイヤ電流密度が低くなり，ワイヤ溶融速度が速くなる
　　c　ワイヤ電流密度が高くなり，ワイヤ溶融速度が遅くなる
　　d　ワイヤ電流密度が高くなり，ワイヤ溶融速度が速くなる

【165】立向下進溶接の溶込みは，下向溶接と比べてどうなるか。
　　a　浅くなる
　　b　変らない
　　c　深くなる
　　d　浅くなったり，深くなったり変動する

　次の設問【166】～【170】は溶接欠陥の非破壊試験方法について述べている。正しいものを1つ選び，マークシートの解答欄の該当箇所にマークせよ。

【166】ブローホールの検出に適している試験方法はどれか。
　　a　磁粉探傷試験（MT）
　　b　目視試験（VT）
　　c　浸透探傷試験（PT）
　　d　放射線透過試験（RT）

【167】多層溶接の層間の融合不良の検出に適している試験方法はどれか。
　　a　磁粉探傷試験（MT）
　　b　超音波探傷試験（UT）
　　c　浸透探傷試験（PT）

d　放射線透過試験（RT）

【168】鋼溶接部の微細な表面割れの検出に最も適している試験方法はどれか。

a　磁粉探傷試験（MT）
b　目視試験（VT）
c　超音波探傷試験（UT）
d　放射線透過試験（RT）

【169】オーステナイト系ステンレス鋼溶接部のピットの検出に適している試験方法はどれか。

a　超音波探傷試験（UT）
b　浸透探傷試験（PT）
c　磁粉探傷試験（MT）
d　放射線透過試験（RT）

【170】突合せ溶接継手の角変形についての試験方法はどれか。

a　磁粉探傷試験（MT）
b　目視試験（VT）
c　超音波探傷試験（UT）
d　放射線透過試験（RT）

　次の設問【171】〜【175】は表面きずの非破壊試験について述べている。正しいものを1つ選び，マークシートの解答欄の該当箇所にマークせよ。

【171】目視試験の項目に該当しないのはどれか。

a　目違い
b　余盛高さ
c　溶込深さ
d　アンダカット

【172】浸透探傷試験で浸透液塗布後の浸透時間（放置時間）はどれか。

a　30秒以下
b　1分以下
c　1分〜3分
d　5分〜20分

【173】浸透探傷試験についての記述で正しいのはどれか。

a　前処理が不要である
b　線状きずの方向性の影響を受けない
c　表面温度の影響を受けない
d　きずの深さが推定できる

【174】磁粉探傷試験についての記述で正しいのはどれか。

a　アルミニウムなどの非磁性材料に適用できる
b　きず部で漏洩磁束を生じる
c　表層部の欠陥は検出できない
d　指示模様の幅は実際のきずの幅より小さい

【175】精密な磁粉探傷試験に用いられる磁粉はどれか。

a　白色磁粉

b　黒色磁粉
c　蛍光磁粉
d　非蛍光磁粉

　次の設問【176】～【180】は溶接部の内部きずに対する非破壊試験について述べている。正しいものを1つ選び，マークシートの解答欄の該当箇所にマークせよ。

【176】放射線透過試験で検出困難な溶接欠陥はどれか。
　a　ラメラテア
　b　ブローホール
　c　スラグ巻込み
　d　溶込不良

【177】放射線透過試験で透過度計や階調計を使用する目的はどれか。
　a　撮影フィルムの像質の確認
　b　欠陥の種別の判定
　c　照射時間の短縮
　d　照射強度の増加

【178】超音波探傷試験に関する記述で正しいのはどれか。
　a　非接触で検査ができる
　b　面状きずの方向性の影響を受けない
　c　深さ方向のきず位置の推定が可能である
　d　薄板の検査に適している

【179】超音波探傷試験の適用が困難な材料はどれか。
　a　アルミニウム合金
　b　高張力鋼
　c　耐候性鋼
　d　オーステナイト系ステンレス鋼

【180】放射線透過試験が超音波探傷試験よりも優れているのはどれか。
　a　試験結果がすぐに分かる
　b　作業の安全管理に注意する必要がない
　c　試験装置が小型軽量である
　d　きずの種類が判別しやすい

　次の設問【181】～【185】は安全衛生について述べている。正しいものを1つ選び，マークシートの解答欄の該当箇所にマークせよ。

【181】換気装置のない狭あいな場所でマグ溶接を長時間行った場合，一酸化炭素はどうなるか。
　a　作業空間の上部に溜まる
　b　作業空間の下部に溜まる
　c　作業空間の中央部に溜まる
　d　作業空間全体に均一に拡散する

【182】換気装置のない狭あいな場所でティグ溶接を長時間行った場合，アルゴンはどうなるか。

  a　作業空間の上部に溜まる
  b　作業空間の下部に溜まる
  c　作業空間の中央部に溜まる
  d　作業空間全体に均一に拡散する

【183】労働安全衛生規則が定める，高圧ガス容器の保管温度は何℃以下か。
  a　20 ℃
  b　40 ℃
  c　60 ℃
  d　80 ℃

【184】酸素欠乏症等防止規則が定める，酸欠防止のための下限酸素濃度は何％か。
  a　16％
  b　18％
  c　20％
  d　22％

【185】溶接・溶断作業を行う時に，通風や換気に使用する気体はどれか。
  a　窒素
  b　炭酸ガス
  c　空気
  d　酸素

　次の設問【186】〜【190】は安全衛生について述べている。正しいものを1つ選び，マークシートの解答欄の該当箇所にマークせよ。

【186】銅と反応して爆発性の化合物を作る燃料ガスはどれか。
  a　アセチレン
  b　水素
  c　天然ガス
  d　プロパン

【187】板厚12 mmの軟鋼を標準切断条件で切断する場合，発生する騒音レベルが最も低いのはどれか。
  a　シヤリング切断
  b　プラズマ切断
  c　ガス切断
  d　ウォータジェット切断

【188】JIS T 8161「防音保護具（耳栓）」に関する記述で正しいのはどれか。
  a　一種は全音域を，二種は高音域を遮音する
  b　一種は全音域を，二種は低音域を遮音する
  c　一種は高音域を，二種は全音域を遮音する
  d　一種は低音域を，二種は全音域を遮音する

【189】レーザ光を遮蔽する方法で正しくないのはどれか。
  a　アーク溶接用保護面の使用
  b　レーザ溶接用遮蔽めがねの使用
  c　ついたての設置

d　装置全体を金属板で覆う

【190】溶接した場合，金属熱が最もおこりやすい鋼材はどれか。
　a　耐候性鋼
　b　亜鉛めっき鋼
　c　低合金鋼
　d　高張力鋼

　次の設問【191】〜【195】は安全衛生について述べている。正しいものを一つ選び，マークシートの解答欄の該当箇所にマークせよ。

【191】労働安全衛生規則が定める粉じん作業を行う作業場の清掃頻度はどれか。
　a　1か月ごとに実施
　b　1週間ごとに実施
　c　毎日実施
　d　作業する直前に実施

【192】粉じん障害防止規則が定める粉じん作業はどれか。
　a　電子ビーム溶接
　b　レーザ溶接
　c　マグ溶接
　d　ガス溶接

【193】労働安全衛生規則が定める溶接棒ホルダの点検頻度はどれか。
　a　1か月ごとに実施
　b　1週間ごとに実施
　c　毎日実施
　d　使用する直前に実施

【194】労働安全衛生規則が定める電撃防止装置の点検頻度はどれか。
　a　1か月ごとに実施
　b　1週間ごとに実施
　c　毎日実施
　d　使用する直前に実施

【195】労働安全衛生法が定める高所作業の高さはどれか。
　a　1m以上
　b　2m以上
　c　3m以上
　d　5m以上

　次の設問【196】〜【200】は安全衛生について述べている。正しいものを一つ選び，マークシートの解答欄の該当箇所にマークせよ。

【196】ガス切断で逆火が生じる場合はどれか。
　a　燃料ガスの噴出速度が燃焼速度より遅い場合
　b　燃料ガスの噴出速度が燃焼速度より速い場合
　c　切断酸素の噴出速度が燃焼速度より遅い場合
　d　切断酸素の噴出速度が燃焼速度より速い場合

【197】逆火防止のために有効なのはどれか。
 a　ガス混合器
 b　ガス流量計
 c　安全器
 d　圧力調整器

【198】電撃防止装置を使用していないアーク溶接の感電に関する記述で正しいのはどれか。
 a　アークを発生していない時は，発生している時よりも感電の危険は高い
 b　アークを発生していない時は，発生している時よりも感電の危険は低い
 c　アークを発生していない時も，発生している時も感電の危険は低い
 d　アーク溶接の場合，感電の危険はほとんどない

【199】電撃防止装置の遅動時間中に溶接棒ホルダと母材間に生じる電圧はどれか。
 a　安全電圧
 b　無負荷電圧
 c　短絡電圧
 d　アーク電圧

【200】空気との混合で，もっとも爆発範囲（容量％）が広い燃料ガスはどれか。
 a　水素
 b　天然ガス
 c　プロパン
 d　アセチレン

●2017年６月４日出題　２級試験問題●

解答例

【1】b, 【2】c, 【3】b, 【4】b, 【5】a, 【6】d, 【7】a, 【8】c,
【9】d, 【10】b, 【11】d, 【12】a, 【13】a, 【14】c, 【15】b, 【16】b,
【17】a, 【18】c, 【19】d, 【20】d, 【21】d, 【22】c, 【23】c, 【24】d,
【25】a, 【26】d, 【27】b, 【28】c, 【29】b, 【30】b, 【31】c, 【32】b,
【33】a, 【34】b, 【35】b, 【36】b, 【37】b, 【38】b, 【39】d, 【40】c,
【41】c, 【42】d, 【43】c, 【44】d, 【45】a, 【46】c, 【47】b, 【48】c,
【49】d, 【50】c, 【51】b, 【52】c, 【53】c, 【54】c, 【55】b, 【56】b,
【57】c, 【58】b, 【59】a, 【60】b, 【61】a, 【62】c, 【63】b, 【64】a,
【65】b, 【66】d, 【67】d, 【68】c, 【69】a, 【70】d, 【71】b, 【72】d,
【73】b, 【74】a, 【75】c, 【76】c, 【77】c, 【78】c, 【79】b, 【80】c,
【81】c, 【82】b, 【83】a, 【84】a, 【85】a, 【86】d, 【87】d, 【88】c,

【89】b，【90】c，【91】d，【92】d，【93】b，【94】b，【95】c，【96】b，
【97】a，【98】c，【99】d，【100】b，【101】c，【102】b，【103】b，【104】c，
【105】c，【106】b，【107】a，【108】b，【109】c，【110】c，【111】b，【112】a，
【113】a，【114】a，【115】b，【116】b，【117】c，【118】b，【119】d，【120】b，
【121】c，【122】a，【123】b，【124】d，【125】a，【126】d，【127】a，【128】c，
【129】c，【130】a，【131】b，【132】b，【133】d，【134】b，【135】c，【136】c，
【137】c，【138】c，【139】b，【140】c，【141】b，【142】b，【143】d，【144】a，
【145】d，【146】c，【147】a，【148】d，【149】b，【150】b，【151】c，【152】d，
【153】a，【154】c，【155】b，【156】d，【157】c，【158】d，【159】b，【160】a，
【161】c，【162】b，【163】c，【164】d，【165】a，【166】d，【167】b，【168】a，
【169】b，【170】b，【171】c，【172】d，【173】b，【174】b，【175】c，【176】a，
【177】a，【178】c，【179】d，【180】d，【181】a，【182】b，【183】b，【184】b，
【185】c，【186】a，【187】c，【188】a，【189】a，【190】b，【191】c，【192】c，
【193】d，【194】d，【195】b，【196】a，【197】c，【198】a，【199】b，【200】d

JIS Z 3410（ISO 14731）/WES 8103

【2級】筆記試験問題と解答例
―2022年度版 実題集―

定価はカバーに表示してあります。　　2021 年 12 月 10 日　　初版第 1 刷印刷
　　　　　　　　　　　　　　　　　　2021 年 12 月 20 日　　初版第 1 刷発行

編　者　産 報 出 版 株 式 会 社
発行者　久 　木 　田 　　裕
発行所　産 報 出 版 株 式 会 社

〒 101-0025　東京都千代田区神田佐久間町 1 丁目 11 番地
TEL 03-3258-6411 ／ FAX 03-3258-6430
ホームページ https://www.sanpo-pub.co.jp

印刷・製本　株式会社 精興社
《不許複製・禁転載》万一，乱丁・落丁がございましたら発行所でお取り替えいたします。